U0663148

高等院校艺术设计类专业系列教材

产品设计综合表达

主　编　姚卜月

副主编　陶垠颖　杨盛卉　王柔欢

电子工业出版社·

Publishing House of Electronics Industry

北京·**BEIJING**

内 容 简 介

本书共 6 章，包括"综合表达：产品设计的多维表现力""造型艺术：产品视觉呈现与细节设计""信息图解：思维的可视化表达""视觉传达：包装与品牌的有效推广""设计实例：产品设计综合表达剖析""未来展望：科技驱动的综合表达新趋势"。

第 1 章阐述新时代背景下产品设计的多维表现力，强调设计师需要融合技术创新、用户洞察、市场策略和环境责任等要素。

第 2 章聚焦造型艺术，解析产品形态、线条、材质等产品视觉呈现与细节设计的艺术。

第 3 章探索信息图解的奥秘，展示其在产品设计流程中的可视化表达力量。

第 4 章深入解析图文编排设计与品牌推广，涵盖形式要件、设计法则、文字排印、图片处理和色彩应用等。

第 5 章通过实际案例剖析，展示图文编排、造型艺术等元素在产品设计与包装中的综合运用。

第 6 章展望科技驱动的综合表达新趋势，探讨新材料、新技术对产品设计的深远影响。

本书适合广大产品设计专业人士、创意产业从业者、视觉传达设计师和其他对产品设计领域感兴趣的读者阅读。无论是寻求提升个人设计能力的新手设计师，还是希望在产品设计领域探索创新路径的资深专家，抑或是对产品如何通过多维表现力、视觉呈现、品牌推广、科技融合等实现市场成功感兴趣的学者与学生，都可将本书作为知识宝库与灵感源泉。

图书在版编目（CIP）数据

产品设计综合表达 / 姚卜月主编. -- 北京 ：电子
工业出版社，2025. 5. -- ISBN 978-7-121-50389-4

Ⅰ. TB472

中国国家版本馆 CIP 数据核字第 2025XY9767 号

责任编辑：康　静
印　　刷：河北鑫兆源印刷有限公司
装　　订：河北鑫兆源印刷有限公司
出版发行：电子工业出版社
　　　　　北京市海淀区万寿路 173 信箱　　邮编：100036
开　　本：787×1092　　1/16　　印张：9.75　　字数：201 千字
版　　次：2025 年 5 月第 1 版
印　　次：2025 年 5 月第 1 次印刷
定　　价：52.00 元

凡所购买电子工业出版社图书有缺损问题，请向购买书店调换。若书店售缺，请与本社发行部联系，联系及邮购电话：（010）88254888，88258888。

质量投诉请发邮件至 zlts@phei.com.cn，盗版侵权举报请发邮件至 dbqq@phei.com.cn。

本书咨询联系方式：（010）88254609，hzh@phei.com.cn。

前言

随着党的二十大的胜利召开，教育被提到了前所未有的战略高度，是国家发展的基石。在这一背景下，工业设计教育作为培养未来设计精英的摇篮，其重要性日益凸显。与此同时，在新时代的浪潮中，产品设计的内涵与外延不断扩展，承载着更加多元的使命与期待。

新时代的产品设计已超越了单纯的美学追求，融合了技术创新、用户洞察、市场策略和环境责任等要素，成为一种综合性的艺术与技术实践。设计师不仅需要保持对美学的敏锐感知与不懈追求，更需要具备跨领域的整合能力，将各种要素巧妙地融入设计中，创造出既能满足用户需求、引领市场潮流，又能兼顾环境可持续性的优秀产品。在这个过程中，设计师的专业素养、市场洞察力、技术视野和社会责任感显得尤为重要。

本书正是在这样的时代背景下应运而生的，旨在为读者提供全面、实用且富有前瞻性的设计指南。本书紧密围绕党的教育方针，鼓励读者秉持创新理念，坚定文化自信，勇于探索产品设计领域的新边界。通过深入浅出的理论讲解与丰富的实践案例，本书力求帮助读者构建完整的设计理念体系，提升设计实践能力，为未来的设计之路奠定坚实的基础。

展望未来，作为推动社会进步的重要力量，工业设计的发展前景令人充满期待。我们期望本书能够成为广大设计学子成长道路上的得力助手，陪伴他们在设计世界中不断前行。同时，我们也呼吁更多的有志青年投身到设计事业中，为实现中华民族的伟大复兴贡献自己的力量。

在编写本书的过程中，我们虽力求完美，但受限于学识与时间，书中难免存在不足之处。因此，我们诚挚邀请广大读者及教育界同人对本书进行审阅，并提出宝贵的意见与建议。您的每一条反馈都将是我们不断进步的动力。若您在阅读过程中发现任何问题或有任何改进建议，请随时与我们联系（电子邮箱：yao@zust.edu.cn），期待您的来信。

目录

第1章　综合表达：产品设计的多维表现力 ………………………………001

1.1　产品设计综合表达的重要性 …………………………………………001

1.2　多维表现力在产品设计中的作用 ……………………………………002

1.2.1　视觉表现力 …………………………………………………002

1.2.2　交互表现力 …………………………………………………009

1.2.3　技术表现力 …………………………………………………011

1.2.4　情感表现力 …………………………………………………012

1.2.5　社会责任表现力 ……………………………………………014

第2章　造型艺术：产品视觉呈现与细节设计 ……………………………016

2.1　美学法则与创意塑造 …………………………………………………016

2.1.1　统一与变化 …………………………………………………016

2.1.2　对比与调和 …………………………………………………019

2.1.3　均衡与对称 …………………………………………………020

2.1.4　节奏与韵律 …………………………………………………023

2.1.5　尺度与比例 …………………………………………………025

2.2　产品的色彩设计 ………………………………………………………029

2.2.1　色彩的基础知识 ……………………………………………030

2.2.2　色彩的情感表达 ……………………………………………033

2.2.3 色彩的设计搭配 ⋯⋯⋯⋯⋯⋯⋯⋯⋯⋯⋯⋯⋯⋯⋯ 041

2.2.4 产品设计中的色彩运用策略 ⋯⋯⋯⋯⋯⋯⋯⋯⋯⋯ 047

2.3 CMF 设计材料与工艺 ⋯⋯⋯⋯⋯⋯⋯⋯⋯⋯⋯⋯⋯⋯⋯ 053

2.3.1 CMF 设计之材料概论 ⋯⋯⋯⋯⋯⋯⋯⋯⋯⋯⋯⋯ 055

2.3.2 CMF 设计之工艺概论 ⋯⋯⋯⋯⋯⋯⋯⋯⋯⋯⋯⋯ 060

2.3.3 设计与成型工艺的紧密结合 ⋯⋯⋯⋯⋯⋯⋯⋯⋯⋯ 063

2.3.4 CMF 装饰材料 ⋯⋯⋯⋯⋯⋯⋯⋯⋯⋯⋯⋯⋯⋯⋯ 064

2.4 优秀案例展示 ⋯⋯⋯⋯⋯⋯⋯⋯⋯⋯⋯⋯⋯⋯⋯⋯⋯⋯ 068

第3章 信息图解：思维的可视化表达 ⋯⋯⋯⋯⋯⋯⋯⋯⋯⋯ 070

3.1 信息可视化的基础 ⋯⋯⋯⋯⋯⋯⋯⋯⋯⋯⋯⋯⋯⋯⋯⋯ 070

3.1.1 信息可视化的概念 ⋯⋯⋯⋯⋯⋯⋯⋯⋯⋯⋯⋯⋯ 070

3.1.2 信息可视化的趋势 ⋯⋯⋯⋯⋯⋯⋯⋯⋯⋯⋯⋯⋯ 071

3.1.3 信息可视化在产品设计中的重要性 ⋯⋯⋯⋯⋯⋯⋯ 074

3.2 产品设计的信息图解 ⋯⋯⋯⋯⋯⋯⋯⋯⋯⋯⋯⋯⋯⋯⋯ 077

3.2.1 产品设计流程 ⋯⋯⋯⋯⋯⋯⋯⋯⋯⋯⋯⋯⋯⋯⋯ 077

3.2.2 产品说明书 ⋯⋯⋯⋯⋯⋯⋯⋯⋯⋯⋯⋯⋯⋯⋯⋯ 081

第4章 视觉传达：包装与品牌的有效推广 ⋯⋯⋯⋯⋯⋯⋯⋯ 089

4.1 视觉叙事策略 ⋯⋯⋯⋯⋯⋯⋯⋯⋯⋯⋯⋯⋯⋯⋯⋯⋯⋯ 089

4.2 品牌视觉战略与传播 ⋯⋯⋯⋯⋯⋯⋯⋯⋯⋯⋯⋯⋯⋯⋯ 090

4.2.1 视觉形象识别系统的深度构建 ⋯⋯⋯⋯⋯⋯⋯⋯⋯ 091

4.2.2 品牌文化的视觉化传达 ⋯⋯⋯⋯⋯⋯⋯⋯⋯⋯⋯ 093

4.2.3 多渠道传播策略的整合 ⋯⋯⋯⋯⋯⋯⋯⋯⋯⋯⋯ 098

4.3 产品包装设计 ⋯⋯⋯⋯⋯⋯⋯⋯⋯⋯⋯⋯⋯⋯⋯⋯⋯⋯ 099

4.3.1 环保的包装设计 ⋯⋯⋯⋯⋯⋯⋯⋯⋯⋯⋯⋯⋯⋯ 100

4.3.2 便捷的包装设计 ⋯⋯⋯⋯⋯⋯⋯⋯⋯⋯⋯⋯⋯⋯ 101

4.3.3 美观的包装设计 ⋯⋯⋯⋯⋯⋯⋯⋯⋯⋯⋯⋯⋯⋯ 103

4.3.4 情感化的包装设计 ⋯⋯⋯⋯⋯⋯⋯⋯⋯⋯⋯⋯⋯ 104

4.3.5 互动式的包装设计 104

4.4 产品推广策略 107

4.4.1 精准定位与目标设定 107

4.4.2 多渠道协同推广策略 107

4.4.3 效果评估与持续优化 107

第 5 章 设计实例：产品设计综合表达剖析 108

5.1 家居用品：宜家 108

5.1.1 限量版 TESAMMANS 家居系列 109

5.1.2 Cook This Page 系列 113

5.1.3 宜家新鲜滋味 116

5.2 科技产品：苹果 120

5.2.1 iPhone 16 系列 120

5.2.2 Apple Vision 122

5.3 试听产品：Bang & Olufsen 124

5.3.1 Beosound A5 125

5.3.2 Beoplay HX 128

第 6 章 未来展望：科技驱动的综合表达新趋势 130

6.1 产品材质的创新应用 130

6.1.1 环保与可持续性材料的深入研发 130

6.1.2 智能材料的广泛应用 134

6.1.3 纳米技术的融合 136

6.2 生产工艺的智能化 136

6.2.1 高度自动化的生产线 136

6.2.2 数字化与模拟仿真 136

6.2.3 灵活的生产模式 137

6.3 产品包装的革新 137

　　6.3.1 个性化与定制化包装 137

　　6.3.2 环保包装的创新 138

　　6.3.3 动态交互包装的创新 138

　　6.3.4 智能包装技术的发展 141

6.4 新媒体推广的多样化 141

　　6.4.1 沉浸式 H5 互动体验设计 141

　　6.4.2 二维码营销新纪元 142

　　6.4.3 VR 幻境重塑显示 143

　　6.4.4 动态海报广告 145

第 1 章
综合表达：产品设计的多维表现力

扫一扫

第 1 章 引言

在新时代的背景下，产品设计被赋予了更加丰富的内涵与使命。设计师不仅需要保持对美学的敏锐感知与不懈追求，更需要具备跨领域的整合能力，将技术创新、用户洞察、市场策略和环境责任等要素巧妙地融入设计中。这种多维度的融合，不仅要求设计师具备深厚的专业素养，还要求设计师拥有敏锐的市场洞察力、前瞻性的技术视野和强烈的社会责任感。只有这样，才能创造出既能满足用户需求、引领市场潮流，又能兼顾环境可持续性的优秀产品。

1.1 产品设计综合表达的重要性

在新时代的浪潮中，产品设计综合表达的重要性日益凸显。它基于信息设计的原理，通过系统化地收集、梳理与重组信息，将其转化为直观易懂的可视化语言。这个过程不仅解决了设计师、生产企业与用户之间的沟通难题，促进了信息的有效传递与共享，还为产品开发过程中的创新提供了有力的支持。

在产品设计综合表达的过程中，信息的组织与表现只是表象，更深层次的是对产品开发潜力的挖掘和对创新可能性的推导。设计师应通过不断试错与优化，将抽象的创意转化为具体的产品形态，为产品的市场竞争力与生命周期管理奠定坚实的基础。

1.2 多维表现力在产品设计中的作用

多维表现力在产品设计中扮演着至关重要的角色，涵盖多个方面，包括视觉表现力、交互表现力、技术表现力、情感表现力和社会责任表现力。这些共同构成了产品设计的丰富内涵。以下是对多维表现力在产品设计中作用的详细阐述。

1.2.1 视觉表现力

1. 吸引用户的注意力

视觉表现力是产品设计的第一印象。设计师通过对形态、色彩、材质等元素的巧妙搭配，能够在短时间内迅速吸引用户的注意力。例如，独特的包装设计、引人注目的产品外观等，都能让用户在众多同类产品中一眼注意到你的产品。

1）形态设计

形态是产品设计的基础，决定了产品的基本轮廓和空间分布。在形态设计中，设计师需要考虑产品的功能性、结构合理性和审美需求。现代设计倾向于简约主义，通过简单的线条、流畅的曲面和明确的几何形状来构建产品的形态，既保证了功能的实现，又赋予了产品简单、大方的美感。同时，形态设计还需要考虑产品的可识别性和差异性，以便使其在众多同类产品中脱颖而出。

图 1-1

图 1-2

2）色彩运用

色彩是造型美学中极具表现力的元素之一。不同的色彩能够引发人们不同的情感反应和心理联想。在产品设计中，色彩的选择和搭配需要综合考虑产品的功能、目标用户、品牌形象和市场趋势等因素。合理的色彩运用不仅可以增强产品的视觉冲击力，提升产品的吸引力，还可以在无形中传递产品的品牌理念和价值观。例如，暖色调能够营造舒适、亲切的氛围，而冷色调能够传达科技、专业的形象。

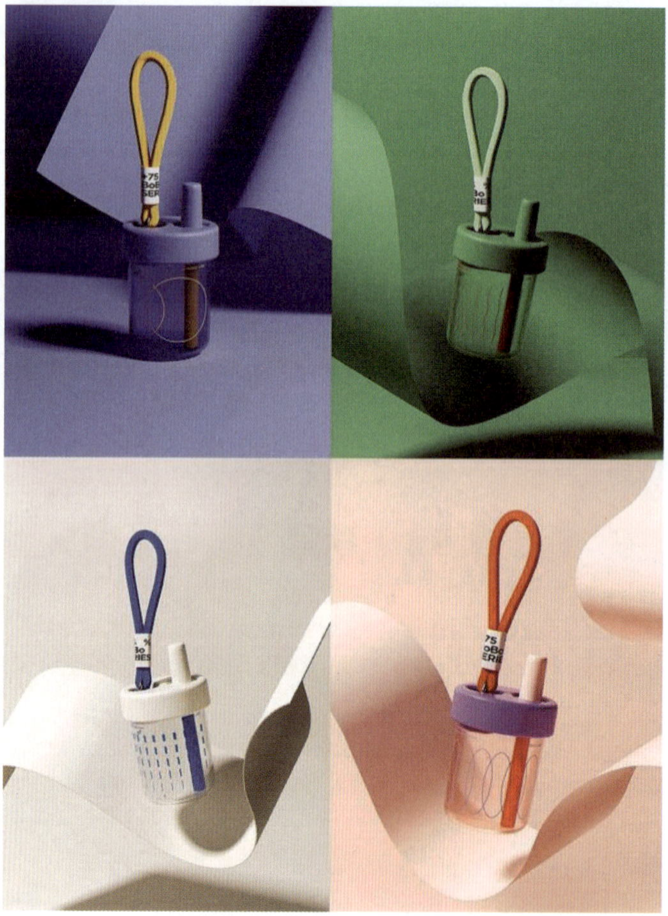

图 1-3

3）材质选择

材质是产品设计的物质基础，直接影响产品的质感、触感和耐用性。在材质选择上，设计师需要关注材质的物理性能、加工性能和环保性能等。同时，材质也是造型美学的重要组成部分，不同的材质能够赋予产品不同的视觉和触觉效果。例如，木材能够传递出自然与温馨的感觉，而金属能够展现出产品的坚固与冷峻。通过巧妙地运用材质，设计师可以使产品更加贴近用户的生活方式和审美需求。

图 1-4

图 1-5

4）和谐统一

造型美学的核心在于形态、色彩、材质等元素的和谐统一。这种和谐统一不仅体现为各个元素之间的相互协调和呼应，还体现为产品与使用环境、用户生活方式之间的整体协调。设计师需要通过对各个元素进行精心规划和布局，使产品在视觉上呈现出一种和谐的美感，从而激发用户的情感共鸣和购买欲望。

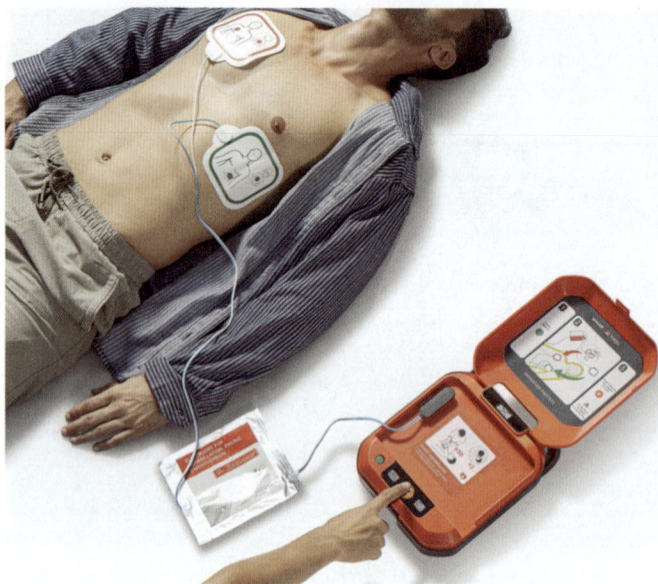

图 1-6

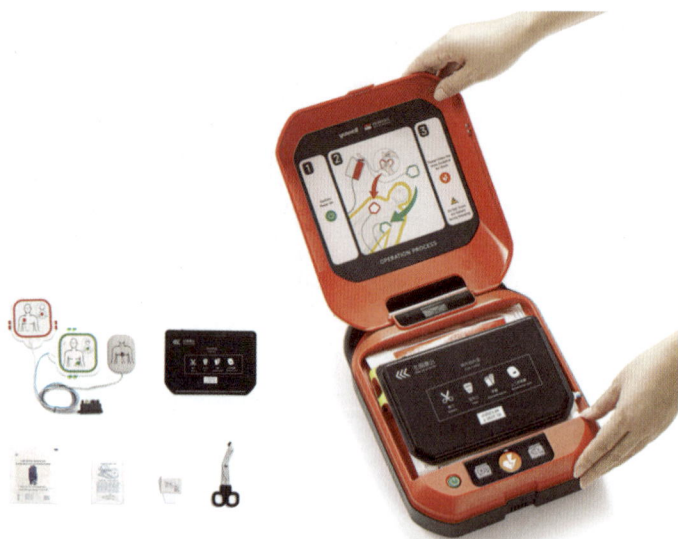

图 1-7

5）未来趋势

现代设计强调简约而不简单的设计理念。简约并不意味着单调乏味，而是要在保持产品基本功能的前提下，通过精练的设计语言和元素来传达产品的核心价值与美感。简约设计能够减少视觉上的干扰和冗余，使产品更加专注于核心功能的实现和用户体验的提升。同时，简约设计还能提升产品的品质和档次，使其在众多同类产品中脱颖而出。

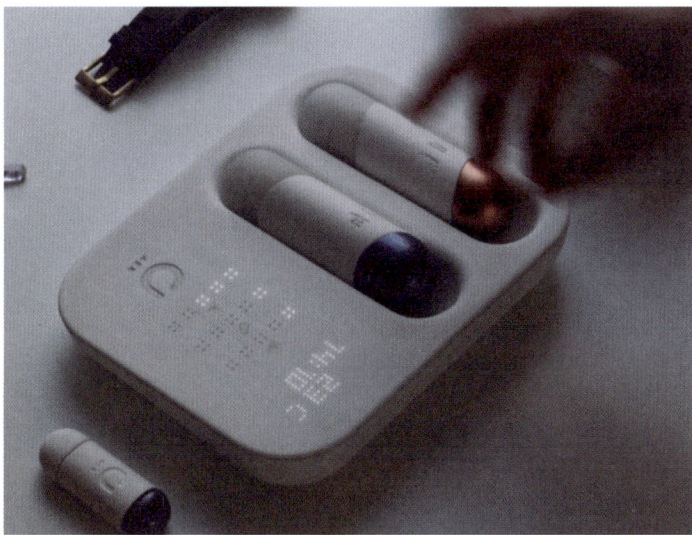

图 1-8

图 1-9

2. 传达产品特性

视觉设计不仅是美观的展现，更是产品特性的传达。运用视觉元素可以清晰地传达产品的功能、材质、使用场景等信息，帮助用户快速了解产品。例如，使用与产品使用场景相关的元素增强情感化体验，或者通过图形元素快速传达产品的功能特性。

图 1-10

图 1-11

1.2.2　交互表现力

1. 提升用户体验

交互表现力强调用户与产品之间的互动体验。精心的交互设计可以让用户在使用产品的过程中感到便捷、舒适和愉悦。例如，流畅的界面操作、智能化的语音助手、人性化的提示信息等，都能提升用户的使用体验。

图 1-12

图 1-13

易用性是用户体验设计的核心要素之一。它要求产品设计必须直观、简单，易于理解和操作。合理的界面布局、清晰的导航设计、简洁的操作流程和适时的帮助提示，可以降低用户的学习成本，提高产品的使用效率。易用性良好的产品能够减少用户的挫败感和焦虑感，提升用户的满意度和信任度。

图 1-14

2. 激发用户参与

良好的交互设计还能激发用户的参与感和归属感。例如，游戏化的设计元素、社交化的分享功能等，能够让用户在使用产品的过程中产生互动和分享的欲望，从而提高用户与产品之间的黏性。

图 1-15

1.2.3　技术表现力

1. 支撑产品创新

技术表现力是产品设计的核心驱动力之一。通过不断进行技术创新，开发者可以开发出具有独特功能和卓越性能的产品。例如，利用人工智能、物联网、大数据等先进技术，实现产品的智能化、个性化定制等创新功能。物联网宠物设备 Migo 的每个组件都能通过蓝牙相互通信和连接，从而实现狗和主人之间的远程交互。该系统的主要吸引力在于项圈，其中配备了跟踪系统、温度传感器、心率监视器、音频输出和 LED 手电筒。

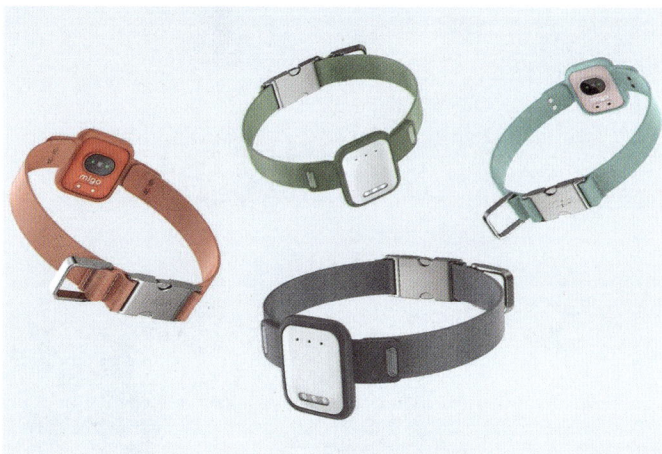

图 1-16

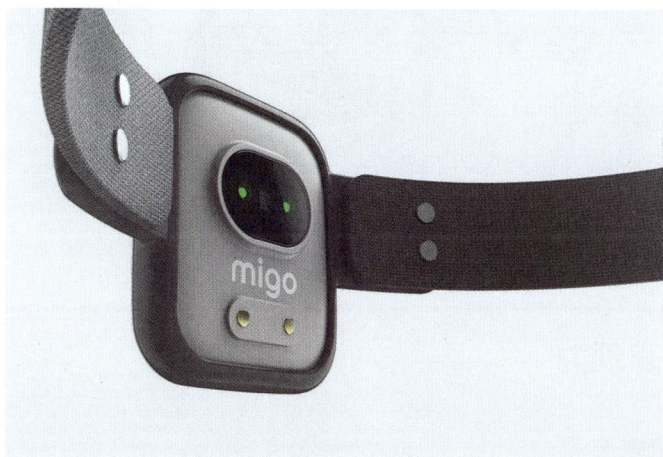

图 1-17

2．引领行业趋势

技术表现力强的产品往往能够引领行业趋势，推动整个行业的发展。例如，智能手机行业的快速发展就得益于芯片技术、屏幕技术、电池技术等关键技术的不断创新和突破。创新睡眠产品 Gleam 能够利用脑机接口技术将用户期望的情绪数据传输给大脑，从而为用户带来积极的梦境。

图 1-18

图 1-19

1.2.4　情感表现力

1．建立情感联系

情感表现力是产品设计中不可或缺的一部分。设计师通过运用情感化的设计元素，如故事性、文化性、情感共鸣等，可以建立起用户与产品之间的情感联系。这种情感联系能够让用户在使用产品的过程中产生更多的情感共鸣和认同感，从而提升用户对产品的忠诚度和依赖感。

图 1-20

2．提升品牌价值

情感表现力还能提升品牌的价值和形象。设计师通过传递品牌的文化理念、价值观等情感因素，可以塑造出具有独特个性和魅力的品牌形象，吸引更多具有相同价值观和兴趣爱好的用户，为品牌带来更大的商业价值和更强的社会影响力。

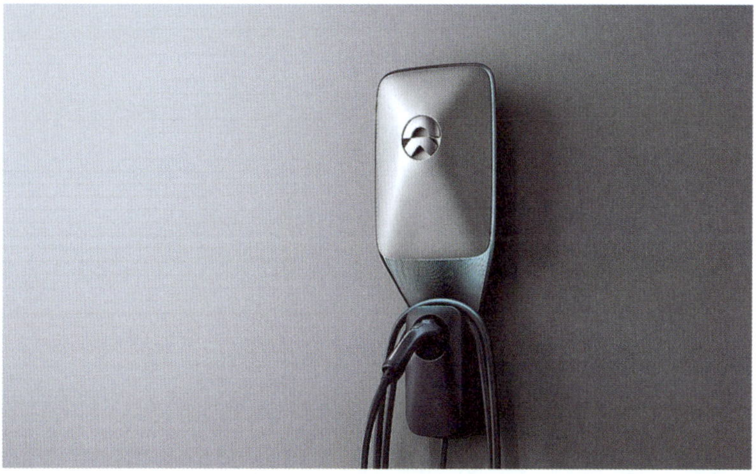

图 1-21

1.2.5 社会责任表现力

1. 传递环保理念

社会责任表现力要求设计师在设计产品的过程中充分考虑环保因素。设计师通过使用可再生材料、减少能源消耗、减少废弃物排放等方式，可以传递出企业的环保理念和责任感。这种责任感不仅能提升企业的社会形象，还能吸引更多关注环保问题的用户。

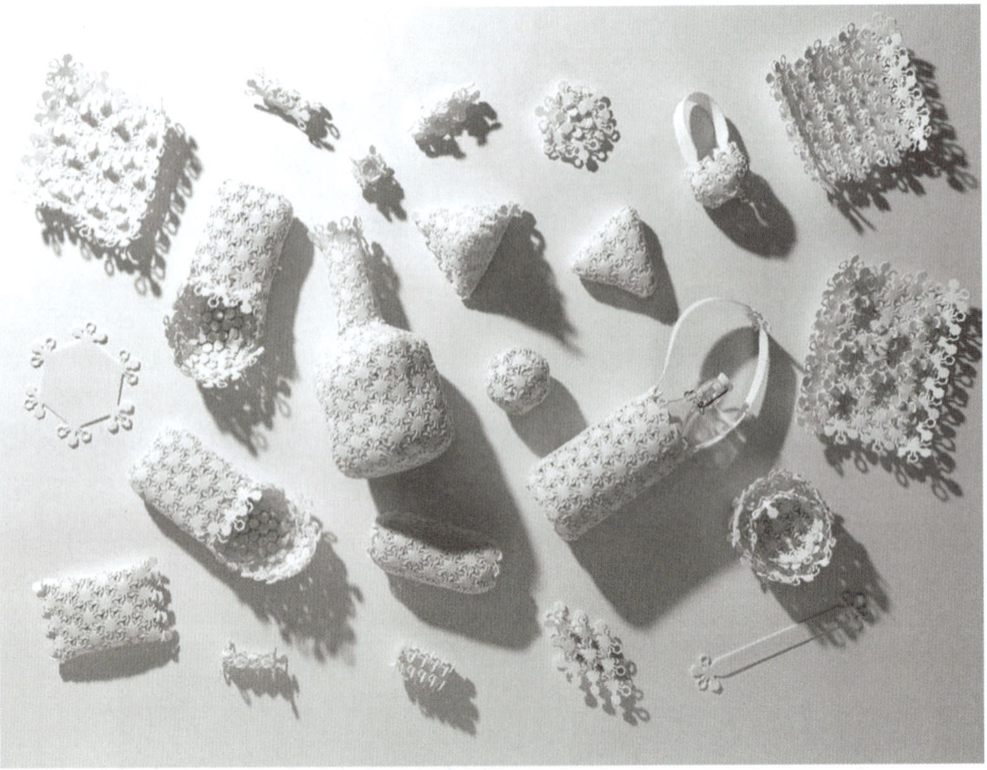

图 1-22

2. 推动可持续发展

社会责任表现力还体现在推动可持续发展方面。设计师通过设计具有长寿命、可维修、可升级等特性的产品，可以减少资源浪费和环境污染，推动社会的可持续发展。这种可持续发展的理念不仅能为企业带来长期的经济效益，还能为整个社会的可持续发展做出贡献。

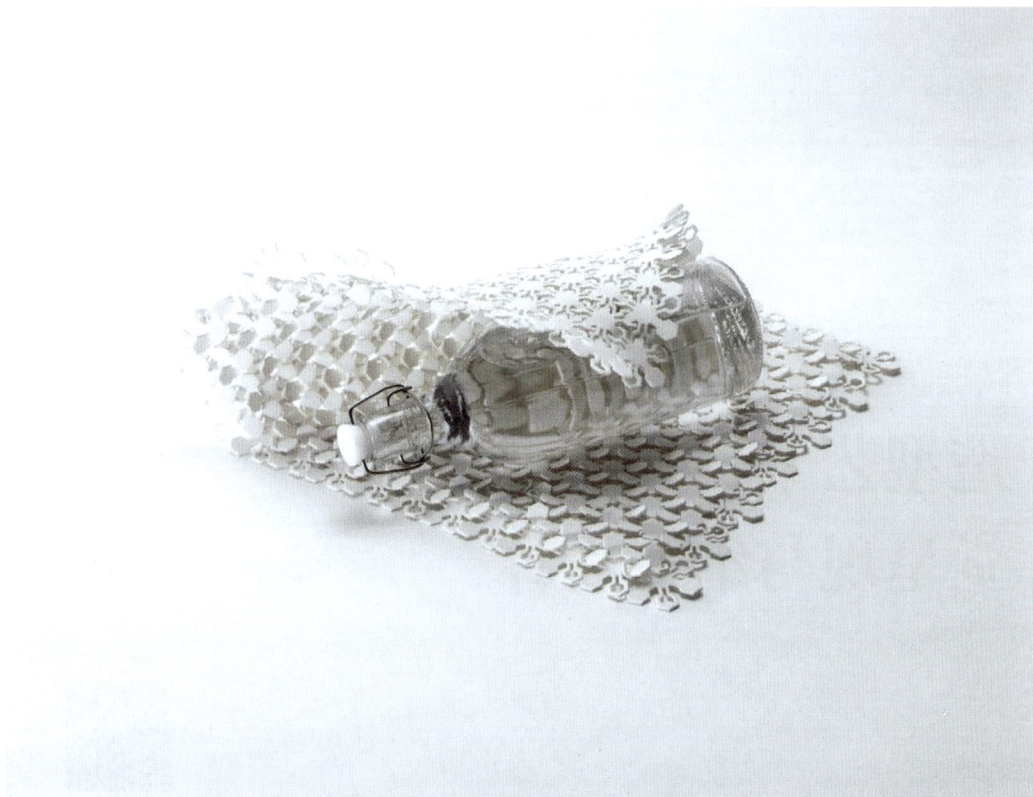

图 1-23

　　综上所述，多维表现力在产品设计中发挥着至关重要的作用。它不仅能提升产品的视觉吸引力和用户体验，还能推动技术创新和品牌价值提升，同时传递企业的环保理念和责任感。在未来的产品设计中，我们应该更加注重多维表现力的运用和创新，以创造出更加优秀、更具竞争力的产品。

扫一扫

第 1 章　总结

第 2 章

造型艺术：产品视觉呈现与细节设计

扫一扫

第 2 章 引言

2.1　美学法则与创意塑造　✎

　　美学法则是产品造型设计的基石，包括均衡、对称、对比、调和、比例等。这些法则能够指导设计师创造出既美观又实用的产品。而创意塑造是超越传统束缚，探索新颖设计理念的过程。设计师需要具备敏锐的洞察力和丰富的想象力，将美学法则与创意思维相结合，塑造出独具特色且引人注目的产品造型。

2.1.1　统一与变化

　　统一与变化是产品造型设计中既相互矛盾又相辅相成的两大要素，它们在美学法则中占据重要地位，是实现产品局部与整体和谐统一、既协调又富有生动性的关键策略。统一指的是在产品中通过相同或相似元素的重复或融合，形成整体的和谐与一致性，赋予产品宁静与安定的美感。统一能够使产品的各个部分相互协调，共同服务于整体的表现。而变化则强调在同一产品内部，不同元素之间的差异与对比，或者相同元素通过变异手法产生的视觉差异，以此提升产品的动态感、生动性和吸引力，有效避免产品单调与沉闷。变化是激发用户的视觉兴趣与情感共鸣的关键所在。

图 2-1

在进行产品造型设计时，应当遵循以统一为主导、以变化为辅助的原则，即在确保整体形态一致性的基础上，巧妙地融入变化元素。这样既能维持设计的整体性，又能增添适度的变化，使产品更加引人入胜。如果设计过于追求统一而忽视变化，产品就可能显得单调乏味，缺乏趣味性和吸引力，整体美感也会因此大打折扣。此外，变化作为激发用户视觉兴趣的重要源泉，必须受到一定规律的约束，以避免产品产生无序的混乱，令用户产生视觉上的疲劳。因此，变化应当在统一性的框架内产生，确保既有差异又不失和谐。

图 2-2

图 2-3

　　在产品造型设计的各个方面，包括形态、色彩和装饰等，都应充分考虑统一性的因素。设计师应避免将不同的形态、色彩和装饰进行无差别的等量堆砌，而应确定一种主导元素作为核心，使其他元素围绕主导元素展开，起到衬托和配合的作用。这样的设计能够在凸显统一性的同时，展现出变化带来的丰富层次和视觉效果。

总之，统一与变化是产品造型设计中不可或缺的两个重要法则。只有充分理解和运用这两个法则，才能创造出既美观又实用的产品。

2.1.2　对比与调和

在美学与设计领域，对比与调和是两个至关重要的法则，它们广泛存在于自然界与人类社会中。这两个法则专注于探讨同类型造型元素之间的特性，旨在实现共性与差异性的和谐共存。

作为推动变化的核心力量，对比能够赋予相似元素独特的个性展现，使产品更加生动、有趣。对比可以提升产品的视觉冲击力，使产品形象鲜明且富有辨识度。然而，过度的对比可能导致产品杂乱无章，缺乏协调性。此时，调和便显得尤为重要。调和能够将对比的元素巧妙地融合在一起，使这些元素在保持个性的同时，又能呈现出整体的和谐统一。调和不仅能平衡对比带来的强烈冲击，还能赋予产品稳定感和舒适感。

图 2-4

在产品造型设计中，对比与调和的应用体现在多个方面，包括线条的对比与和谐、形态的多样统一、色彩的巧妙搭配、排列的视觉节奏和材质的质感对比等。设计师需要灵活运用这两个法则，以调和为基础，适当运用对比的手法，以突出产品的重点部位，提升产品的生动性和视觉吸引力。具体而言，设计师可以通过调整线条的长短、曲直、粗细等属性来创造对比的效果；通过改变形态的大小、宽窄、凹凸等特征来丰富设计的层次；通过运用色彩的黑白、浓淡、明暗、冷暖等变化来营造氛围；通过调整排列的高低、疏密、虚实等关系来构建视觉节奏；通过选择不同的材质来提升产品的触感和视觉效果。

图 2-5

总之，对比与调和是产品造型设计中不可或缺的两个重要法则。它们相互依存、相互作用，共同推动产品更加完美、和谐。设计师需要在实践中不断探索和尝试，以找到符合自己设计理念的对比与调和方式。

2.1.3 均衡与对称

均衡是产品造型设计中的一个核心概念，指的是物体各部分在视觉上呈现出的相对平衡状态，这种平衡涵盖上下、左右、前后等多个维度。均衡源于人类的视觉系统在对物体进行整体审视时的自然反应，类似视线在物体间游移直至找到稳定点的过程。当物体的左右两侧在视觉上达到吸引力均衡时，人们的目光会自然地停留在这一"均衡中心"，从而产生一种和谐、宁静的心理感受。

图 2-6

对称则是自然界与日常生活中普遍存在的一种美学形式，体现了物体以某个中心点或某条轴线为基准的镜像反射关系。对称不仅赋予了物体视觉上的稳定与和谐，还常常带来一种静态美与秩序感，给人留下庄严、稳重的印象。在工业产品的造型设计中，对称形态不仅满足了产品的功能性需求（如交通工具的对称性设计），还增强了用户的心理安全感，使产品的外观与功能达到和谐统一。

图 2-7

　　然而，均衡并不等同于对称。均衡在视觉上呈现出一种更为动态、富有变化的平衡状态，它允许物体在保持整体平衡的同时，展现出更多的对比与差异，如大小、轻重、浓淡、疏密等。这种动态平衡不仅丰富了产品的视觉层次，还赋予了产品更加生动、有趣的艺术效果。在实际设计中，均衡往往通过对各造型要素（如形态、色彩、材质等）的精心安排与组合来实现，以达到视觉上的和谐统一。值得注意的是，均衡与对称在设计中并非孤立的两个美学法则，它们往往相互交织，共同服务于产品的整体造型。设计师在运用这两个法则时，需要根据产品的具体需求和特点进行灵活选择与组合，以创造出既符合功能要求又兼具美感的优秀产品。同时，装饰、标牌等细节元素的设计也会对产品的整体均衡感产生重要的影响，设计师需要予以充分关注与精心处理。

图 2-8

综上所述，均衡与对称作为形式美学中的两个重要法则，在产品造型设计中发挥着不可或缺的作用。它们不仅为产品赋予了视觉上的和谐与美感，还通过不同的表现形式满足了用户多样化的审美需求。因此，在实际应用中，设计师应综合考虑均衡与对称的运用策略，以实现产品造型设计效果的最优化。

2.1.4　节奏与韵律

节奏作为自然界与日常生活中普遍存在的现象，是指事物按照一定的规律周期性变化的运动模式，映射了宇宙万物运行的内在秩序。从自然界的昼夜更替、四季轮回，到人体生理活动的心跳与呼吸，再到人类生活的劳逸结合，乃至音乐中强弱、长短、缓急的音符交替，都是节奏的具体体现。我们生活在一个由多样的节奏交织而成的和谐宇宙中，这些节奏与我们的生理节律和心理感知紧密相连，能够为我们带来视觉与听觉上的美感享受。

图 2-9

在产品造型设计中，节奏体现为设计元素的有序重复与排列，类似音乐中的节拍，赋予产品动态的生命力和视觉上的流动感。而韵律则是在节奏的基础上的进一步升华，通过有组织地变化和重复，为节奏增添情感色彩，使产品呈现出强弱交替、悠扬缓急的动人旋律。可以说，节奏是韵律的基础框架，韵律是节奏的情感表达，二者相辅相成，共同构成了产品造型设计中独特的审美体验。

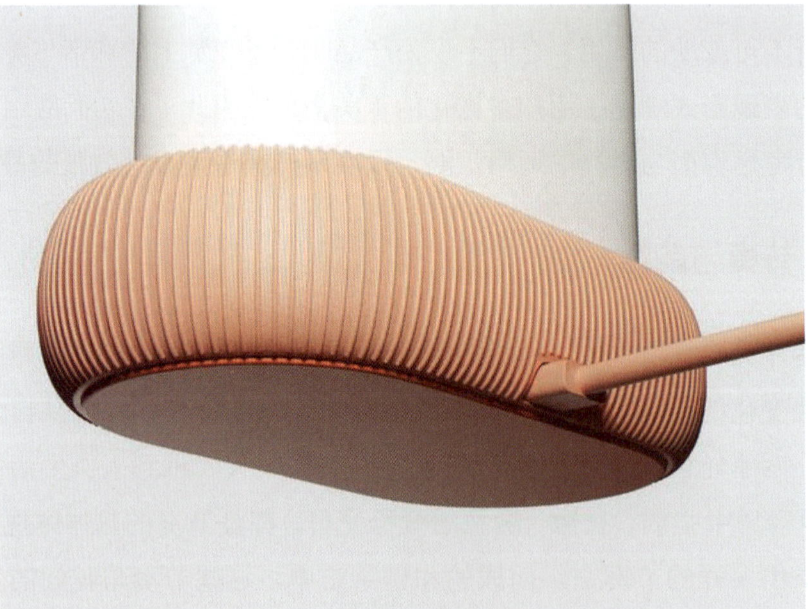

图 2-10

图 2-11

在现代工业生产中，产品的标准化、系列化和通用化趋势促进了组合机件在单元构件上的重复应用。这种重复不仅提高了生产效率，还赋予了产品一种内在的循环与连续之美，即节奏感与韵律美。在产品造型设计中，设计师可以巧妙地运用线条、形态、色彩和材质等设计元素，通过它们的排列组合与变化，创造出富有节奏感与韵律美的产品，从而满足人们对美的追求。

2.1.5　尺度与比例

在工业产品的造型设计中，合理的尺度与协调的比例是构成产品美学价值的基础，也是提升用户体验的关键要素。

1. 尺度

尺度是指将人体尺寸作为参照，衡量产品体量及其功能适用性的标准。单纯的几何形状无法直接体现尺度，需要借助一个相对单位作为"尺子"，来评估产品的尺寸。这个单位可以使产品的大小感受变得直观：若单位看似较小，则产品就显得宏大；反之，则显得紧凑。因此，产品是否美观与适宜，不仅依赖视觉上的判断，更需要在实际使用中验证其是否符合人体工学原理。

例如，汽车驾驶室的高度、操作手柄的粗细等，均需要与人体尺寸相契合，以确保操作的便捷性与舒适度。

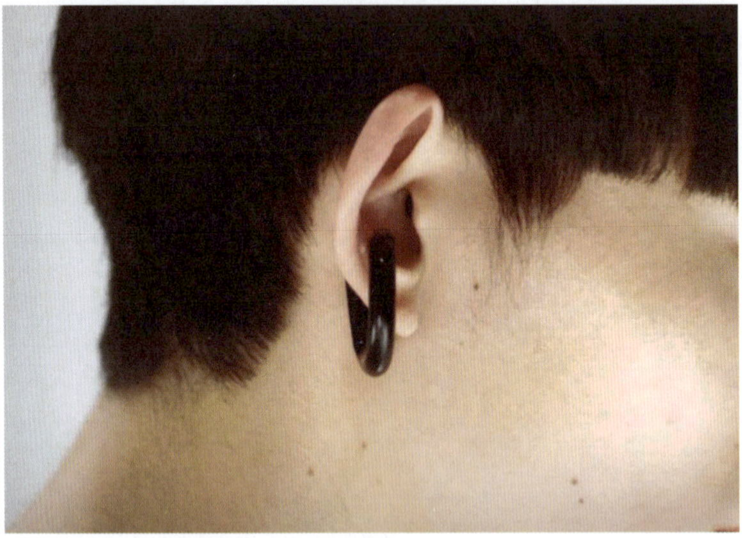

图 2-12

图 2-13

2. 尺度与比例的关系

比例关注的是产品局部与局部、局部与整体之间的和谐关系。一款造型完美的产品，必然拥有协调的比例。古希腊人最早认识到人体比例的美学价值，并将其应用于建筑设计中，形成了严格的比例体系。同样，尺度与比例在产品造型设计中也需要相辅相成：合理的尺度是满足用户使用需求的前提，而协调的比例则赋予了产品视觉上的美感。二者缺一不可，共同构成了产品形式美的基础。

图 2-14

图 2-15

3. 比例的美学探索

比例作为造型美学的核心法则之一，其美学价值体现为通过精确的数比关系展现现代生活与科技的和谐美。除常见的几何形状外，黄金矩形和根号矩形等特定的比例也因其独特的审美特征而受到青睐。这些比例不仅强化了产品的功能性，更赋予了产品高雅的质感。在设计实践中，深入探索和应用这些美学比例，有助于提升产品的整体美感和市场竞争力。

图 2-16

综上所述，工业产品的造型设计需要综合考虑尺度与比例两大要素。通过精确的人体工学分析和协调的比例设计，设计师可以创造出既美观又实用的产品，满足用户的多元化需求。

2.2　产品的色彩设计 ✎

　　色彩作为用户首次接触产品时的关键元素，自然而然地成为色彩、材料、表面处理（Color,Material,Finishing，CMF）设计的焦点。根据视觉科学的研究，视觉感知主要由物质形态、色彩、形状变化和动态元素四大信息支柱构成。而在短暂的 0.67 秒视觉印象的形成过程中，色彩占据了高达 67% 的比重。这凸显了色彩在视觉捕捉中的首要地位，随后才是光影塑造的物质形态（空间感）、形状变化和动态元素。

图 2-17

　　进一步而言，色彩与人类的情感世界紧密相连，消费者的购买决策在很大程度上受个人色彩喜好的影响，这就解释了为何色彩在 CMF 设计体系中占据首要地位。众多国际知名品牌已深刻意识到这一点，它们不仅将色彩视为设计的重要组成部分，更将其打造为产品的独特卖点乃至核心吸引力。苹果手机的"土豪金"配色在中国市场的成功便是明证。

色彩设计本质上是一个高度主观且富有情感色彩的概念。在设计语境下，探讨的并非色彩本身的优劣，而是色彩如何与用户的情感需求产生共鸣，即色彩如何触动人心，引发积极的情感反应。因此，色彩设计的研究核心在于探索色彩与用户的情绪感知之间的微妙联系，力求实现色彩与情感的和谐共振。

2.2.1　色彩的基础知识

要了解色彩的基础知识，就要先了解色彩的三要素。色彩的三要素是指构成色彩的基本属性，分别是色相、明度和纯度。这三个要素共同决定了色彩的外观和感觉，是色彩学中的核心概念。

图 2-18

色相是指色彩的基本面貌，是色彩的首要特征，也是区别不同色彩的准确标准。它反映了色彩的基本属性，如红、黄、蓝等。在自然界中，色相是无限丰富的，如紫红、橙黄、银灰等，每一种色相都有其独特的视觉效果和心理感受。色相的变化是由光谱中不同波长的光波决定的，人眼通过识别这些不同波长的光波来感知色彩的色相。

图 2-19

明度是指色彩的明亮程度，它取决于反射光的强度。在无彩色系中，白色的明度最高，黑色的明度最低，在黑白之间存在一系列灰色，靠近白的部分称为明灰色，靠近黑的部分称为暗灰色。对有彩色系来说，当它们中掺入白色时，明度会提高，掺入黑色时，明度会降低。明度的变化对于表现物体的立体感和空间感至关重要，是色彩富有层次感的基础。

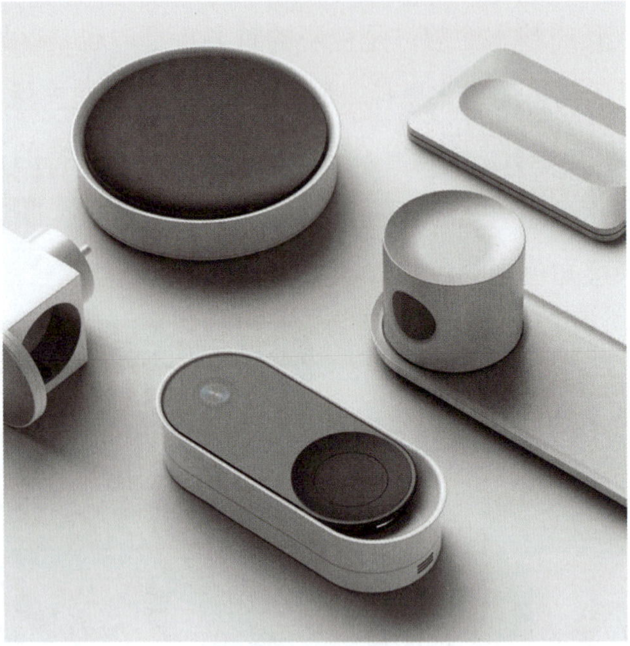

图 2-20

　　纯度又称饱和度或彩度、鲜艳度，它反映了色彩的鲜艳与纯净程度。从科学的角度来看，一种色彩的纯度取决于这一色相发射光的单一程度。纯度高的色彩通常色相感明确、鲜艳，反之则显得灰浊。纯度的变化可以通过三原色互混来产生，也可以通过加白、加黑、加灰或补色相混来实现。在绘画和设计中，纯度的运用对于表现色彩的丰富性和层次感具有重要的意义。

图 2-21

图 2-22

综上所述，色相、明度和纯度是构成色彩的三要素，它们既相互独立又相互关联，共同构成了丰富多彩的色彩世界。在产品设计综合表达中，合理运用色彩的三要素，可以大大提升产品的视觉吸引力和市场竞争力。

2.2.2　色彩的情感表达

作为视觉艺术中最具表现力的元素之一，色彩的独特之处在于能够跨越语言和文化的界限，直接触动人们的心灵，激发人们深刻的情感共鸣。在产品设计中，色彩不仅是外观的装饰，更是连接产品与用户情感的桥梁。设计师通过对色彩的巧妙运用，可以营造独特的情感氛围，使产品在视觉上更具吸引力，同时在心理上与用户产生深层次的共鸣。

（1）营造情感氛围。

色彩具有强大的情感表达能力，不同的色彩能够引发人们不同的情感反应。在产品设计中，设计师可以根据产品的特性和目标受众的心理需求，选择合适的色彩来营造特定的情感氛围。例如，暖色调的色彩（如橙黄、米白等）

能够勾起人们对家庭温暖的记忆和联想，营造温馨、舒适的氛围，提升用户的归属感和幸福感，非常适合用于家居用品的设计中。相反，冷色调的色彩（如蓝绿、银灰等）则能够带给人清新、冷静的感觉。这种色彩搭配在科技产品或办公设备的设计中尤为常见，因为它能够彰显产品的专业性和现代感，符合科技产品或办公设备追求高效、精准的品牌形象。

图 2-23

（2）建立情感联系。

色彩不仅是视觉上的享受，更是情感交流的媒介。在产品设计中，巧妙地运用色彩可以突破产品与用户之间的物理界限，建立起一种深层次的情感联系。当用户看到产品时，色彩作为第一视觉元素，能够迅速激发用户的情感反应，使其对产品产生好感或认同感。这种情感联系不仅有助于提升产品的市场竞争力，还能提升品牌的忠诚度。因此，设计师在运用色彩时，需要充分考虑目标受众的情感需求和心理特点，通过对色彩的巧妙运用来传递产品的价值观和情感诉求，与用户建立起更加紧密的情感纽带。

图 2-24

（3）色彩的文化与心理影响。

值得注意的是，色彩的文化内涵和心理效应也是不可忽视的因素。不同的文化背景和地域环境会影响人们对色彩的理解与感受。因此，在全球化的市场环境下，设计师需要充分了解目标市场的文化背景和色彩偏好，避免因色彩运用不当而造成误解或冲突。同时，色彩的心理效应也是设计师需要关注的重要方面。不同的色彩能够引发人们不同的心理反应和情绪变化。例如，红色能够激发人们的热情和活力，但也可能引发紧张感和焦虑感；蓝色能够带来宁静和放松的感觉，但也可能显得过于冷漠和疏离。因此，在色彩的运用上需要把握好度量和平衡，既要符合产品的特性和品牌形象，又要符合目标受众的心理需求和情感期待。

图 2-25

色彩作为视觉艺术的重要元素，不仅具有美学价值，还能深刻影响人们的心理感受。不同的色彩能够激发不同的情感反应，传递特定的信息和氛围。以下是对几种常见色彩心理效应的阐述。

（1）红色。

红色是极具视觉冲击力的色彩，常被视为热情、活力的象征。它代表征服欲与男子气概。喜欢红色的人往往很有野心，会积极争取想要得到的东西。然而，红色也可能引发攻击性和紧张感。当一个人的情绪过于兴奋时，可能使周围的人产生压力。在心理学中，红色还与爱情、激情，以及警告、禁止等意义相关联。例如，在交通信号灯中，红色代表停止，具有强烈的警示作用。

图 2-26

（2）蓝色。

蓝色是天空和大海的颜色，给人以宁静、深远、广阔的感觉。它代表镇静与女性气质。喜欢蓝色的人通常性格文静，重视人与人之间的信赖关系。蓝色能够引发人们对未来的憧憬和对未知的探索欲，同时具有降低心率、促进放松和沉思的生理效果。在心理学中，蓝色常被用于营造安静、凉爽、舒适的氛围，有助于缓解紧张和焦虑情绪。

图 2-27

图 2-28

（3）绿色。

绿色是自然界中最为普遍的色彩之一，它代表生机、健康、和平与希望。喜欢绿色的人通常性格稳重、忍耐力强，注重与周围环境的和谐共处。绿色能够引发人们对自然和生命的敬畏之情，同时具有平衡身心、缓解压力的作用。在心理学中，绿色被视为一种平衡色，能够调和内心的矛盾与冲突，促进内心的平静与和谐。

图 2-29

（4）黄色。

黄色是明亮、活泼、温暖的色彩，它代表能量、幸福和创造力。喜欢黄色的人通常性格开朗、外向，有着远大的理想和追求。然而，黄色也可能引发过度兴奋和焦虑的情绪，因为黄色在视觉上具有较高的明度，虽容易吸引人的注意力，但也可能造成视觉疲劳。在心理学中，黄色常被用于营造欢快、轻松的氛围，但需要注意适度使用，以免产生负面影响。

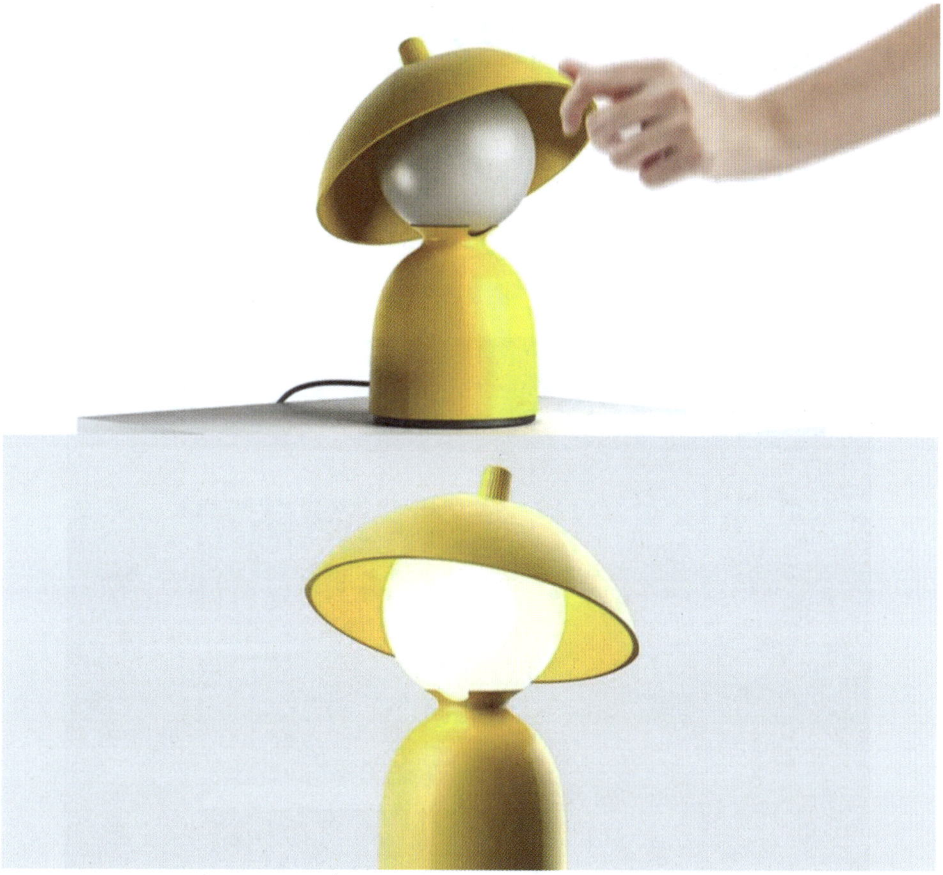

图 2-30

（5）无彩色系。

无彩色系包括黑、白、灰及其间的过渡色，仅呈现明度变化。黑色象征力量与深沉，白色代表纯洁与清新，灰色则体现平衡与稳重。这些色彩在产品设计中常被用于营造高级、简约或低调的氛围，也可以作为背景或辅助色来衬托其他色彩。

图 2-31

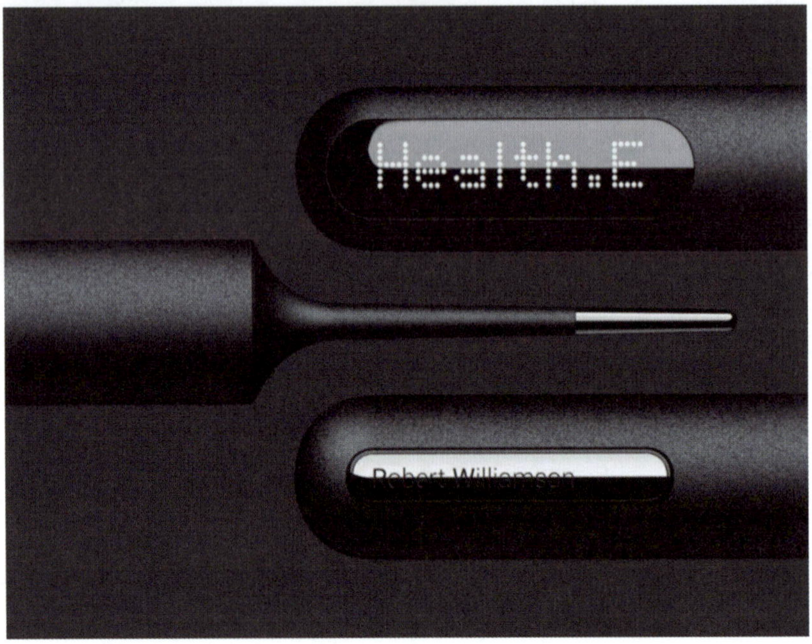

图 2-32

（6）其他色彩。

除上述几种常见的色彩外，其他色彩（如紫色、橙色、粉色等）也具有独特的心理效应。紫色代表神秘、浪漫和个性；橙色是温暖、充满活力的色彩，代表欢乐与能量，能够激发人们对生活的热爱和追求；粉色是温柔、甜美的象征。这些色彩的心理效应因人而异，受到个人经历、文化背景和社会环境等多种因素的影响。

图 2-33

2.2.3　色彩的设计搭配

在产品设计与包装中，合理的色彩搭配是提升产品整体视觉效果和吸引用户注意力的关键。以下是一些常见的色彩搭配原则。

1. 对比与和谐

1）对比原则

强烈色搭配：通过两种相隔较远的色彩相配（如黄色与紫色等）来形成强烈的视觉冲击力。这种配色方式能够迅速吸引用户的注意力，但需要注意避免过于刺眼而造成视觉疲劳。

图 2-34

补色搭配：选择色相环上相对分布的色彩进行搭配，如红色与绿色、蓝色与橙色、黑色与白色等。这种配色方式能够形成鲜明的对比，增强产品的视觉效果，但需要注意比例和面积的协调，以免过于突兀。

图 2-35

图 2-36

2）和谐原则

同类色搭配：选择深浅、明暗不同的两种同类色彩进行搭配，如青色与天蓝色、墨绿色与浅绿色等。这种配色方式能够营造柔和、文雅的氛围，使整体看起来和谐统一。

图 2-37

近似色搭配：选择两种比较接近的色彩进行搭配，如黄色与草绿色、红色与橙红色等。这种配色方式能够保持一定的对比性，同时不失和谐感，使整体看起来丰富且协调。

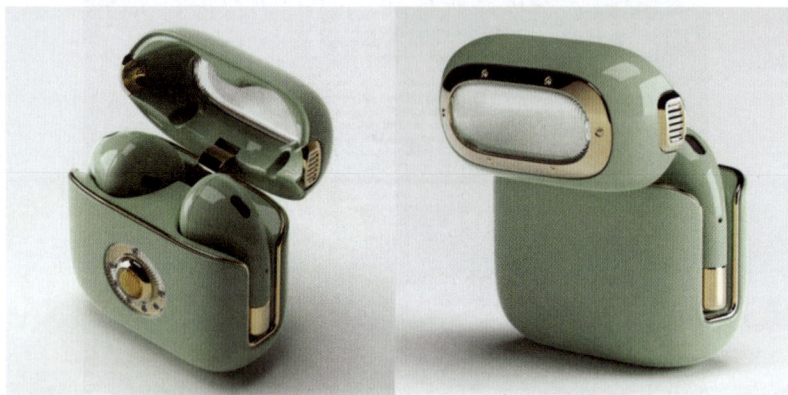

图 2-38

2. 主次分明

在色彩搭配中，应明确主次关系，避免色彩过于杂乱无章。一般来说，可以选择一两种色彩作为主色调，用于大面积的背景或主要元素；同时，选择一两种辅助色或点缀色，用于细节或强调部分。这样既能保持整体的统一性和稳定性，又能通过色彩的变化来丰富视觉效果和层次感。

图 2-39

图 2-40

3. 色彩平衡

色彩平衡是色彩搭配中的重要原则之一。它要求在设计作品中，各种色彩在视觉上达到平衡状态，避免给人一种头重脚轻或左重右轻的感觉。为了实现色彩平衡，可以从色调、色相、色域等方面入手。

图 2-41

色调平衡：控制画面色彩的整体倾向，使之和谐统一。

色相平衡：在设计作品中合理安排不同色相的色彩，避免色彩过于单一或杂乱。

色域平衡：注意色彩在画面上的分布和面积比例，避免色彩过于集中或分散。

4．色彩的心理效应

在色彩搭配中，还需要考虑色彩的心理效应。不同的色彩能够引发人们不同的心理感受，如红色代表热情、活力，蓝色代表宁静、深远，绿色代表自然、健康等。因此，在产品设计与包装中，应根据产品的特性和目标受众的心理需求选择合适的色彩搭配方案。

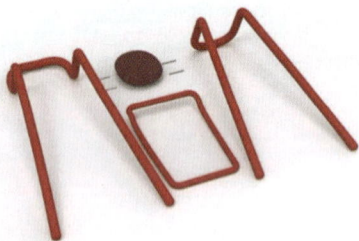

图 2-42

图 2-43

2.2.4　产品设计中的色彩运用策略

1．功能导向的色彩设计

在产品设计的过程中，色彩的选择不应仅基于审美考量，更需要紧密结合产品的功能性，以实现功能性与美观性的和谐统一。功能导向的色彩设计旨在通过对色彩的有效运用，提升产品的实用性、易用性和辨识度。

图 2-44

图 2-45

图 2-46

1）色彩与产品功能性的匹配

传递专业与清洁感：对医疗卫生设备而言，色彩的选择至关重要。白色或淡蓝色等冷色调的色彩常被用于此类产品的设计，因为它们能够传达出清洁、卫生和专业化的形象。这些色彩不仅符合医疗卫生行业对无菌、安全环境的严格要求，还能在视觉上给予人们安心和信赖感。

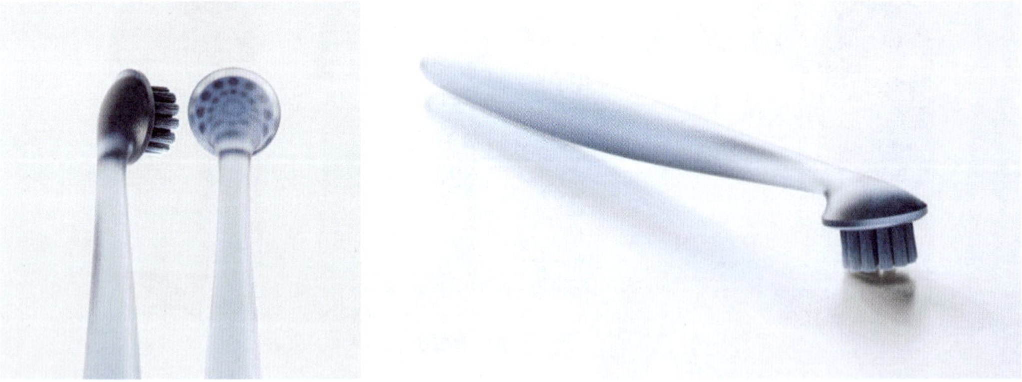

图 2-47

激发活力与动感：相比之下，运动器材的色彩设计则更加注重活力与动感的展现。鲜艳、对比强烈的色彩能够迅速吸引用户的注意力，激发用户的运动欲望和活力。这些色彩的选择往往与运动本身的激情及动感相呼应，使产品成为运动场景中的亮点。

图 2-48

2）色彩区分功能区域或零部件

在产品设计中，色彩还可以作为区分不同功能区域或零部件的有效手段。通过合理的色彩搭配，设计师可以清晰地划分产品的各个功能区域，提高产品的易用性和辨识度。例如，在厨房电器中，不同功能的控制面板或按钮可以采用不同的色彩进行区分，使用户能够一目了然地找到所需功能并进行操作。同样，在复杂的机械设备中，色彩也被广泛用于区分不同的零部件和管路系统，以便维修和保养。

图 2-49

图 2-50

3）色彩设计原则

功能性优先：在功能导向的色彩设计中，应始终将功能性放在首位。色彩的选择应紧密围绕产品的功能性，以确保色彩与产品功能的完美匹配。

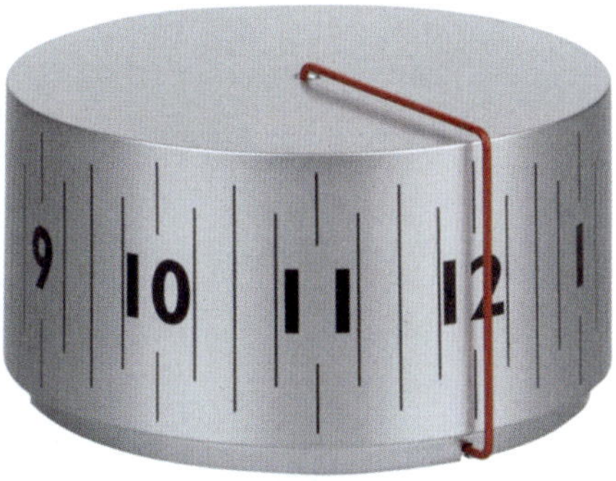

图 2-51

色彩搭配合理：合理的色彩搭配是提升产品视觉效果的关键。设计师应注重色彩之间的协调与对比关系，以设计出既美观又友好的产品外观。

图 2-52

以用户体验为中心：色彩设计应以用户体验为中心，充分考虑用户的心理需求和情感期待。设计师应通过对色彩的运用，创造出符合用户期望的产品氛围和情感体验。

图 2-53

综上所述，功能导向的色彩设计在产品设计中具有重要的意义。它不仅能提升产品的实用性和易用性，还能通过对色彩的有效运用提升产品的视觉吸引力和品牌形象。因此，设计师在进行产品设计时，应充分重视色彩的功能性应用，以实现产品功能性与美观性的双重提升。

2. 用户群体的色彩偏好

在产品设计的过程中，深入研究用户群体的色彩偏好至关重要。不同年龄段、性别、文化背景的用户对色彩的偏好可能存在差异，因此设计师需要充分考虑这些因素。研究用户群体的色彩偏好不仅能直接影响产品的市场接受度，还能强化品牌形象，促进用户与产品之间的情感联系。

（1）年龄段：不同年龄段的用户对色彩的敏感度和偏好不同。例如，儿童通常喜欢鲜艳、活泼的色彩，如黄色、蓝色、粉色等；青少年可能偏好更加个性化和前卫的色彩搭配；而成年人则可能倾向于稳重、内敛的色彩，如灰色、米色、深蓝色等。

图 2-54

（2）性别：虽然性别对色彩偏好的影响并非绝对，但一般来说，男性可能更偏好冷色调和中性色，而女性则可能更喜欢暖色调和柔和的色彩。

（3）文化背景：文化背景对色彩的理解和偏好有着深远的影响。例如，在中国文化中，红色代表喜庆和热情；但在某些西方文化中，红色则被视为激进或危险的象征。

2.3　CMF 设计材料与工艺

CMF 设计是高度专业化的领域，其核心聚焦于对材料与工艺的创新应用。在工业产品设计中，其范畴虽广泛涵盖金属、塑料（含橡胶）、木材、玻璃、陶瓷等多种材料，但 CMF 设计尤为注重金属、塑料和玻璃三大类别。木材与陶瓷虽未被同等强调，但能在特定的产品中通过独特的质感为现代工业产品注入新鲜感，满足用户的多元化需求，因此其重要性随市场潮流与用户审美的变化而日益凸显。

图 2-55

材料不仅是构成产品的基石，更是色彩、工艺、图案纹理设计的核心载体。CMF 设计师的能力高低体现为能否巧妙运用材料与工艺，为用户带来情感上的共鸣与惊喜，使之成为产品的独特魅力与卖点。因此，CMF 设计师高超的材料与工艺认知力是提升产品综合品质的关键，也是企业在市场竞争中脱颖而出的重要武器。材料与工艺让产品从内而外焕发独特的魅力，从而满足市场需求，引领消费潮流。

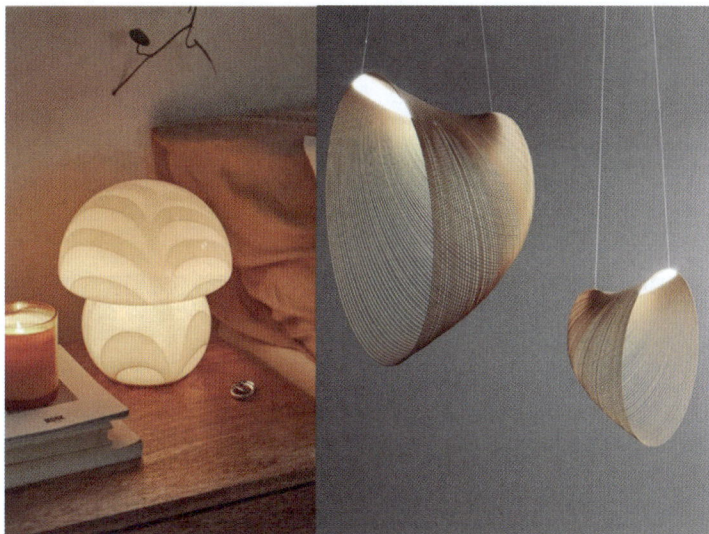

图 2-56

2.3.1　CMF 设计之材料概论

　　CMF 材料的基础特征，即其在应用与加工过程中展现的基本性能，是驱动 CMF 设计创新、确保产品实用及指导材料选择的核心要素。深入理解这些特征，能显著提升材料运用的灵活性与效率。CMF 材料的基础特征大致涵盖物理、化学和延展性三个方面。在 CMF 设计中，巧妙融合并利用这些特征，是提升设计品质的关键策略。

图 2-57

1. CMF 材料的基础特征

（1）物理特征：涵盖色彩、密度、熔点等属性，这些特征对控制物理现象及推动产品品质创新至关重要。例如，汽车变色膜便是巧妙利用材料的物理特征设计的典范。

图 2-58

（2）化学特征：材料在不同条件下的化学反应及其变化特征，如热敏变色、光照固化等，是控制化学现象及推动产品品质创新的关键。

（3）延展性特征，包括工艺、感性、环境、经济四个特征。

工艺特征：涉及材料成型过程中的多种可能性，合理利用材料的工艺特征能拓宽材料的应用范围。

感性特征：综合人的感官体验，如视觉、触觉等，对 CMF 设计的影响深远。例如，对于座椅等人体接触频繁的部位，需要特别关注用户的情感认同。

图 2-59

环境特征：材料适用的环境条件，合理利用材料的环境特征可防止环境因素对产品造成损害，确保产品品质。

经济特征：包括材料价格、加工及回收成本等，是 CMF 设计中的重要考量因素。需要根据目标消费群体合理选择经济指标，以保持产品的竞争力。

2. CMF 材料的分类

CMF 材料的分类方式多样，依据不同的标准可划分为不同的类别。

（1）根据材料的本质特性不同，可将其分为有机高分子材料、无机非金属材料和金属材料。有机高分子材料包括塑料、橡胶等，以其高分子化合物为基础；无机非金属材料包括玻璃、陶瓷等，由特定的元素化合物构成；金属材料包括黑色金属、有色金属和特种金属等。

（2）根据材料的功能特性不同，可将其分为电性功能材料、磁性功能材料、热性功能材料等。这些材料在特定领域具有独特的应用价值。

（3）根据材料的应用领域不同，可将其分为建筑材料、家居材料、电子材料、家电材料、汽车材料等。每种材料均服务于特定的行业或产品。

（4）根据材料的形态与结构特征不同，可将其分为薄膜材料、超细微材料、纤维材料、多孔材料、复合材料等。这些形态各异的材料能够在加工和应用中展现出不同的特性。

3. 产品设计中常用的材料

（1）金属：金属具有冷硬、有光泽的特点，与冷色调的色彩（如银色、灰色、深蓝色等）搭配时，能够展现出强烈的科技感、现代感和冷峻的气质。金属的反光特性还能增强色彩的层次感和立体感，使产品看起来更加精致和高端。

图 2-60

（2）木材：木材给人一种自然、温馨的感觉，适合搭配温暖、柔和的色彩，如原木色、米色、淡黄色等。这些色彩能够凸显木材的质感和纹理，营造出一种舒适、宁静的氛围。木材与色彩的融合还能展现出产品的环保理念和自然美学。

图 2-61

（3）布艺：布艺具有柔软、亲肤的特点，适合搭配温馨、舒适的色彩，如米白色、淡黄色等。这些色彩能够增强布艺的柔和感和亲和力，使产品更加贴近用户的生活和情感需求。同时，布艺的色彩还可以通过印花、刺绣等工艺进行丰富和变化，以提升产品的艺术性和个性化。

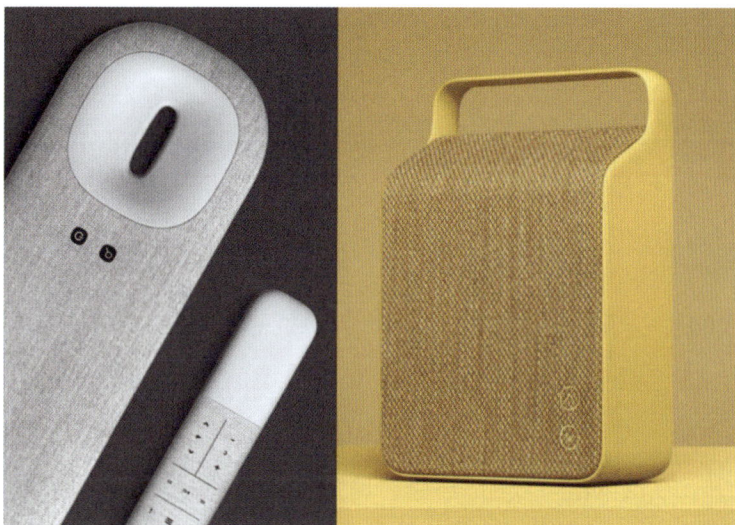

图 2-62

（4）塑料：塑料具有轻盈、耐用的特点，其色彩表现力较强，可以呈现出丰富的色彩效果。根据产品的特性和定位，塑料可以与各种色彩进行搭配，从鲜艳活泼到沉稳内敛均可。需要注意的是，塑料的色彩选择应避免过于刺眼或单调，以免影响用户的视觉体验。

图 2-63

2.3.2 CMF 设计之工艺概论

CMF 工艺体系丰富多样，主要分为三大核心类别：成型工艺、表面处理工艺和加工制程工艺。三者相辅相成，共同将设计构想转化为现实产品。

1. 成型工艺

作为产品诞生的基石，成型工艺将不同状态的原材料（如粒状、粉状、条状、块状等）通过增材、减材或等材方式，塑造成所需的产品部件。其中包括注塑、压铸、切割等多种技术手段，旨在构建产品的基本结构。

成型工艺作为 CMF 工艺的基础，其发展历程与人类文明进步的历程紧密相连。从原始的石器敲打，到现代的机床切削，再到 3D 打印等先进技术的出现，成型工艺不断演进。根据原材料处理方式的不同，可将成型工艺分为加法成型（增材制造）、减法成型（减材制造）和塑性成型（等材制造）三大类。

（1）加法成型：通过逐层添加材料来构建产品，如注塑成型和 3D 打印技术。这一过程类似雕塑家用泥巴堆砌成作品，能够灵活实现复杂结构的制造。

（2）减法成型：从原材料中去除多余部分，如金属雕刻和激光切割。这一过程类似雕塑家从石块中剥离多余部分以塑造作品，适用于高精度和复杂图形的加工。

（3）塑性成型：在不增减原材料总量的前提下，通过改变原材料的形状、尺寸等属性来成型，如金属冲压和折弯。这种方法保持了原材料的完整性，广泛应用于金属制品的制造。

此外，成型工艺还可以根据原材料的类型进行细分，如塑料成型（如注塑、吹塑等）、金属成型（如铸造、焊接等）和玻璃成型（如压制、吹制等）。随着材料科学的不断进步，混合材料的成型工艺逐渐兴起，为产品设计提供了更多的可能性。

2．表面处理工艺

表面处理工艺是指在成型工艺的基础上，进一步通过喷涂、印刷、阳极氧化等方法对产品部件进行精细化处理，以提升其外观质感、耐用性或装饰效果。表面处理工艺不仅提升了产品的视觉吸引力，还丰富了用户的触觉体验。

（1）模内装饰（IMD）：将装饰图案直接嵌入注塑件表面，实现一体化成型，提升产品的美观性与耐用性。

图 2-64

（2）模外装饰（OMD）：在注塑件外部进行复杂图案与纹理的装饰，适用于高曲面产品，可提供多样化的视觉效果。

（3）喷漆/喷油：通过喷涂技术为产品上色，增强产品的色彩丰富性和保护性能。

（4）喷粉：利用静电吸附原理在工件表面形成粉末涂层，具有耐磨、耐腐蚀的特性。

（5）不导电电镀（NCVM）技术：赋予产品金属质感，同时不影响产品的无线通信。

（6）物理气相沉积/化学气相沉积（PVD/CVD）：在工件表面形成高硬度、耐腐蚀的薄膜层。

（7）多种印刷工艺：包括丝网印、移印等，实现图案与文字的精准印刷。

（8）退镀与镭雕：退镀用于去除特定涂层，镭雕则利用激光雕刻图案或文字。

（9）电镀与纳米喷镀：电镀是指在工件表面镀上金属层，纳米喷镀则采用纳米颗粒形成涂层，二者均能提升产品的耐腐蚀性和美观性。

（10）电泳：利用电场作用在工件表面形成均匀涂层，增强产品的防腐性能。

（11）蚀刻：通过化学或物理方法去除表面材料，形成图案或纹理。

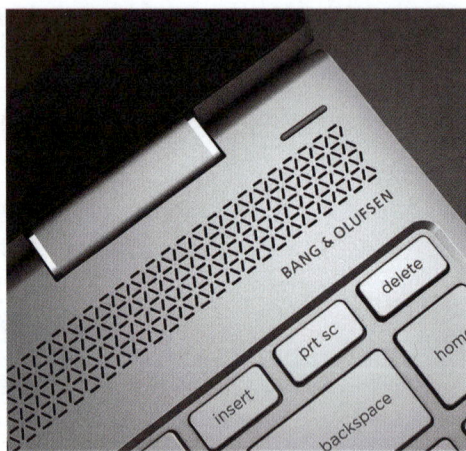

图 2-65

（12）氧化：在金属表面生成氧化膜，提升产品的耐腐蚀性和装饰性。

（13）喷砂：利用高速喷射的砂粒清理和粗化表面，为后续处理做准备。

（14）特殊镀膜工艺：包括抗指纹（AF）、防眩光（AG）、增透减反射等，针对特定需求优化玻璃等材质的性能。

3．加工制程工艺

加工制程工艺涉及从原材料到最终产品的完整生产流程管理，包括机械加工、注塑加工等。它可以根据具体的成型工艺与表面处理工艺需求，设计并实施最优的生产流程，以确保产品的质量与生产效率。随着技术的不断进步，加工制程工艺不断优化，实现了成本节约与效率提升。

2.3.3　设计与成型工艺的紧密结合

CMF 设计师在将创意转化为实际产品时，必须紧密依托可行的成型工艺条件与方法。这意味着，CMF 设计师不仅要深入了解所选材料的特性，还要精通各种成型工艺的特点、优势和局限性。全面掌握这些影响产品成型的因素与规律，是确保设计落地、避免理想与现实脱节的关键。

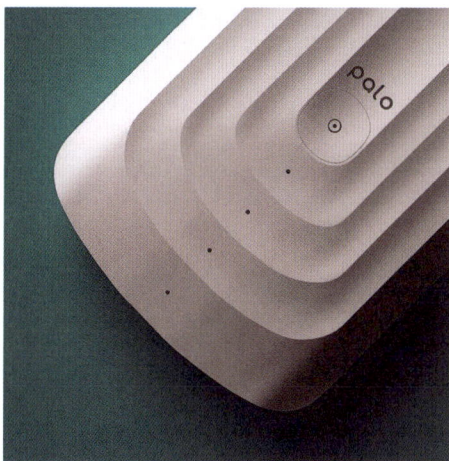

图 2-66

面对成型工艺中的技术难题，CMF 设计师需要具备深厚的工艺知识，包括提出新工艺设想、探索新技术应用、重新选材或调整设计方案等，而这一切都建立在对成型工艺的深刻理解上。掌握主动权，意味着 CMF 设计师能在挑战面前主动求变，确保设计目标的实现。

不同的成型工艺各具特色，受限于生产设备、技术水平和加工成本等客观条件。成熟的 CMF 设计师能够正视各种成型工艺的局限性，并将其视为设计的瓶颈与优势并存的双重特性。CMF 设计师合理利用工艺特点，如铸件工艺的脱模斜度要求，可以优化产品设计，降低成本。因此，产品设计需要紧密贴合生产工艺、生产设备和技术水平的实际状况。

保持对新工艺的敏感度，是 CMF 设计师的重要素质。无论是探索全新技术，还是灵活组合多种成型工艺，都能为设计带来无限的可能。CMF 设计师应勇于尝试新工艺，力求提升产品的综合质量和个性化效果，为用户带来新颖的体验，进而提升产品的市场竞争力。另外，CMF 设计师还应不断学习、勇于创新，以技术为翼，让设计之路更加宽广。

2.3.4　CMF 装饰材料

CMF 装饰材料涵盖多个关键领域，包括膜材、涂料、油墨、染料、纺织面料与皮革、板材、装饰纸、先进复合材料等。

（1）膜材：采用模内装饰/模内镶件注塑/模内热压/模内转印（IMD/IML/IMF/IMR）等先进技术，将装饰膜与基材紧密结合，广泛应用于电子产品与汽车内饰等领域，达到一体化成型与装饰效果。

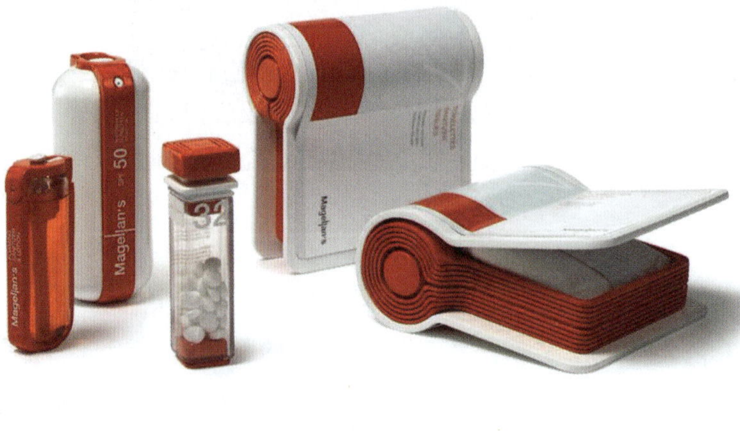

图 2-67

（2）涂料：涵盖普通及特殊涂料，如紫外线（UV）固化涂料，达到多样化的表面处理和视觉效果，同时注重环保与耐磨性能。

图 2-68

（3）油墨：专为印刷工艺设计，包括荧光、珠光等特殊油墨，可满足复杂图案与色彩的需求，在 IMD/IML 工艺中扮演重要的角色。

图 2-69

（4）染料：天然染料与合成染料共存，为纺织面料与皮革提供丰富的色彩选择，同时推动环保染料的应用。

图 2-70

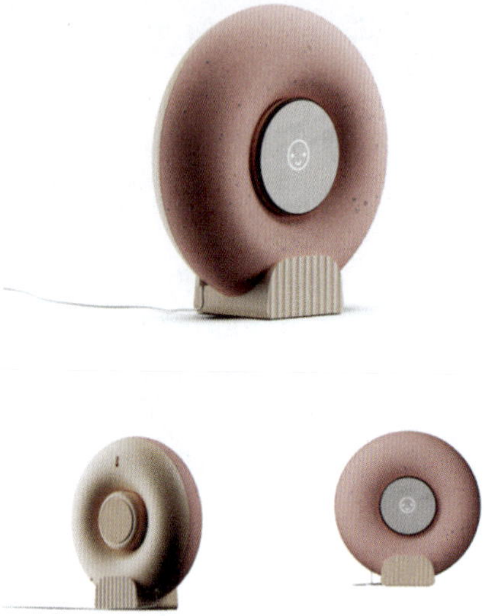

图 2-71

（5）纺织面料与皮革：涵盖织物、人造革和真皮等多种材料，通过特殊工艺（如打孔、透色孔设计等）提升产品的质感和舒适度。

图 2-72

图 2-73

（6）板材：塑料板材与金属板材并存，利用喷涂、镭雕等技术，实现装饰效果与功能性的完美结合。

（7）装饰纸：作为表面装饰材料，广泛应用于家具、地板等领域，提供多样化的纹理与色彩选择。

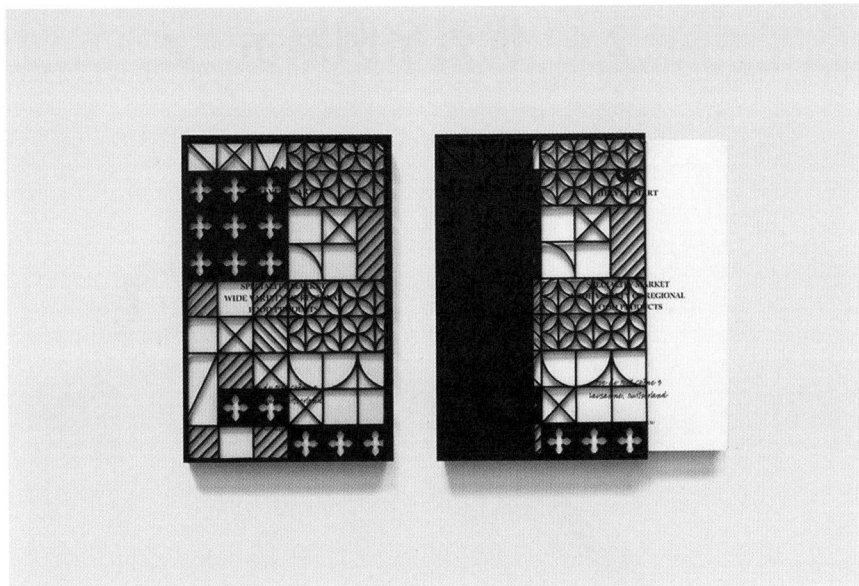

图 2-74

（8）先进复合材料：如碳纤维与凯夫拉，以其高强度、轻量化和优异的物理性能，在航空航天、汽车制造和体育器材等领域占据重要地位。

图 2-75

2.4 优秀案例展示 ✏️

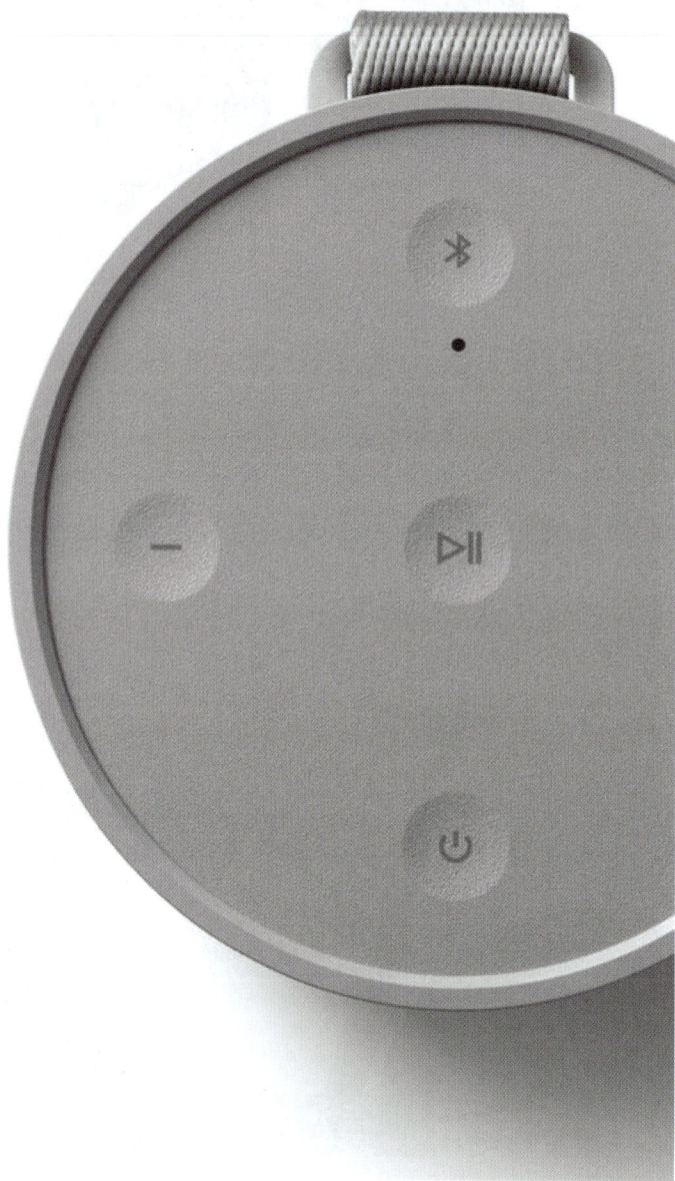

图 2-76

图 2-77

图 2-78

扫一扫

第 2 章 总结

第 3 章

信息图解：思维的
可视化表达

扫一扫

第 3 章 引言

本章将引领读者深入探索信息图解的奥秘，特别是在产品设计流程中的广泛应用。从抽象的思维火花到具象的产品呈现，信息图解以其独特的可视化方式，贯穿于产品设计的每一个环节，成为设计师沟通创意、展示方案、指导生产的重要工具。

3.1　信息可视化的基础

3.1.1　信息可视化的概念

信息可视化是通过图形语言这一直观而强大的媒介，将复杂且难以直接理解的信息内容简化并生动诠释的过程。这一过程不仅是对信息内在关系的深度梳理与清晰展现，更能构建起一座跨越认知障碍、促进沟通交流的时空桥梁。借助图形的力量，信息可视化实现了从抽象到具象、从复杂到简单的华丽转身，让数据、知识和观念得以在更广阔的受众群体中自由流通，促进了信息的高效传播与深度理解。在这个过程中，图形不仅是信息的载体，更是思维的催化剂，激发了人们对信息背后深层含义的探索与思考。

3.1.2　信息可视化的趋势

在信息爆炸的当下，信息可视化作为连接数据与认识的桥梁，正经历着前所未有的变革与发展。以下相关趋势相互交织，共同塑造了信息可视化的未来图景。

1. 交互性深化与体验升级

随着触摸屏、手势识别等交互技术的日益成熟，用户能够以前所未有的方式深入探索数据。这种交互性的深化不仅实现了个性化筛选与分析，更极大地提升了用户体验，使数据分析过程更加直观、高效。

图 3-1

2. 多维度数据展示的全面性

面对海量且复杂的数据，可视化技术不再局限于传统的二维平面。它通过对空间、时间、色彩等多维度的综合运用，全面而生动地展现了数据之间的关联，为决策者提供了更为丰富、立体的信息视角。

图 3-2

3. 文本可视化与情感智能的融合

文本作为信息的重要载体,对其进行可视化正成为新的热点。通过情感分析、主题模型等智能技术,文本信息被转化为直观易懂的图表形式。这一过程不仅便于对信息进行快速提取与分析,还深化了用户对文本内容的理解与感知。

图 3-3

| 方案思考中 | 清扫处理中 | 聆听用户声音 | 休眠中 |

表情指示
清晰反映产品当前的工作情况

机器人通过上方屏幕呈现表情，以向用户传递当前机器的工作情况与工作进度。表情可以更加充分地
与用户进行交互，实现更良好的用户体验

图 3-4

4. 大数据可视化的迫切需求与技术创新

大数据时代的到来对数据可视化技术提出了更高的要求，如何有效建模、处理并展示大规模与高维度的数据成为行业关注的焦点。大数据可视化技术的不断创新与发展，正逐步解决以上难题，为大数据的深入应用提供有力的支持。

5. VR 与 AR 技术带来的沉浸式体验

虚拟现实（VR）与增强现实（AR）技术的融合为信息可视化带来了前所未有的沉浸式体验。用户能够身临其境地探索复杂数据，感受数据的魅力与力量。这种体验不仅拓展了数据分析与决策的深度和广度，还为用户提供了更加生动、有趣的数据探索方式。

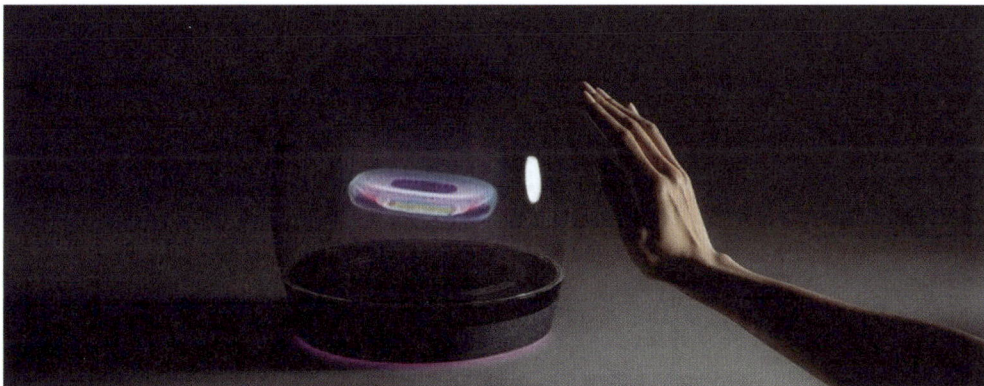

图 3-5

3.1.3　信息可视化在产品设计中的重要性

在信息爆炸的当下，产品设计已超越单纯的形态与功能构建，转而聚焦于信息的精准传达与用户直观感知的强化。作为数据与用户之间高效沟通的媒介，信息可视化在产品设计领域的核心地位日益凸显。

（1）优化用户体验：通过精心设计的图标及界面布局，信息可视化极大地简化了用户的认知过程，使用户能够迅速掌握产品的功能、操作流程和实时状态，从而享受更加流畅、友好的使用体验。

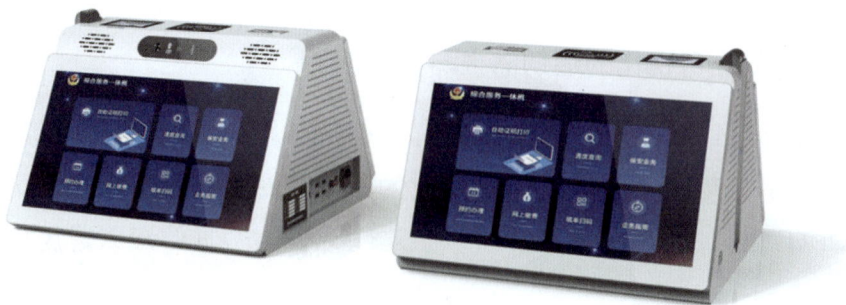

图 3-6

（2）加速信息传递：面对复杂的数据与概念，信息可视化技术能够将其转化为直观易懂的视觉符号，有效缩短用户获取关键信息的时间，减少误解，提升信息传递的准确性和效率。

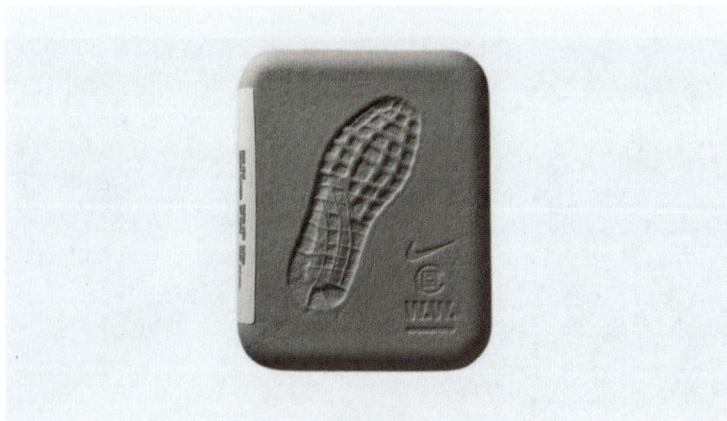

图 3-7

（3）辅助决策过程：对设计师而言，信息可视化是不可或缺的决策辅助工具。它能直观展现用户的行为模式、市场趋势和数据分析成果，为设计师提供清晰的洞察力，助力其制定更加精准、有效的产品策略与设计蓝图。

（4）激发创新灵感：信息可视化设计思维倡导以视觉为先导的创新路径，鼓励设计师运用图形等视觉语言探索复杂问题的解决方案，激发其创新灵感，推动产品设计领域的持续创新与发展。

图 3-8

（5）塑造品牌特色：产品作为品牌形象的直接体现，其设计风格与信息传递方式对于品牌认知的构建至关重要。信息可视化设计能够赋予产品独特的视觉识别度，强化品牌个性，使产品在激烈的市场竞争中脱颖而出，加深用户对品牌的记忆与认同。

图 3-9

（6）引发文化与价值观的共鸣：图形还承载着特定的文化与价值观，这些文化与价值观是连接产品与用户的重要纽带。当产品包装上的图形能够反映出某种文化与价值观或社会现象时，就能引发用户的共鸣和讨论。这种共鸣不仅加深了用户对产品的理解和认知，还促进了品牌与用户之间的文化交流和情感互动。

图 3-10

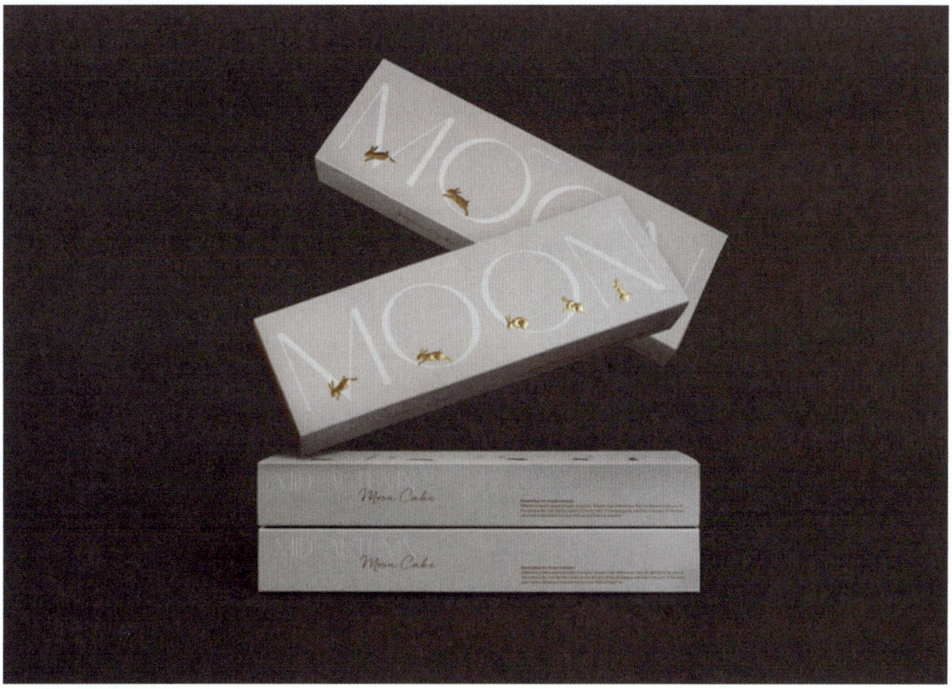

图 3-11

综上所述，信息可视化在产品设计领域的价值不可估量。它不仅关乎用户体验的提升、信息传递的加速与决策制定的优化，更是推动产品创新、塑造品牌特色、引发用户共鸣的关键力量。因此，在产品设计实践中，深入探索与应用信息可视化的设计原则和方法，对于创造卓越、优秀的产品具有深远的意义。

3.2 产品设计的信息图解

在产品设计中，信息图设计被广泛用于产品图解（如爆炸图、尺寸图、功能图、效果图等）的制作中。这些图解不仅展示了产品的外观和结构，还通过视觉化的方式传达了产品的功能和使用方法。

3.2.1 产品设计流程

（1）在头脑风暴阶段，信息图可以帮助设计师快速捕捉创意点子并将其可视化。设计师可以通过绘制草图、思维导图或简单的图形符号，将团队成员的创意与想法迅速记录下来，并进行初步的分类和整理。这些初步的视觉化表达有助于激发更多的灵感，促进团队间的沟通与合作。

图 3-12

（2）在调研分析阶段，信息图可以展示整理后的调研数据、用户反馈和市场趋势。设计师能够通过饼图、折线图等统计图表清晰地呈现调研结果，帮助团队成员识别用户需求、理解市场状况，为后续的设计决策提供有力的支持。

（3）故事版叙事是产品设计的重要环节，它利用图形和简短的文字描述产品的使用场景与用户使用流程。在这一阶段，设计师的信息图解力体现为构建连贯、生动的视觉叙事，帮助团队成员和用户更好地理解产品设计背后的理念与逻辑。

图 3-13

（4）产品图解是产品设计流程的核心部分，包括爆炸图、尺寸图、功能图和效果图等。这些图解不仅详细展示了产品的内部结构、功能布局、尺寸规格和外观效果，还通过色彩、线条等视觉元素，强化了信息的传达效果。设计师的信息图解力在这一阶段得到了充分的体现，确保了设计方案的准确性和可读性。

a. 爆炸图：展示产品内部结构的分解视图，帮助设计师理解各个部件之间的关系和位置。

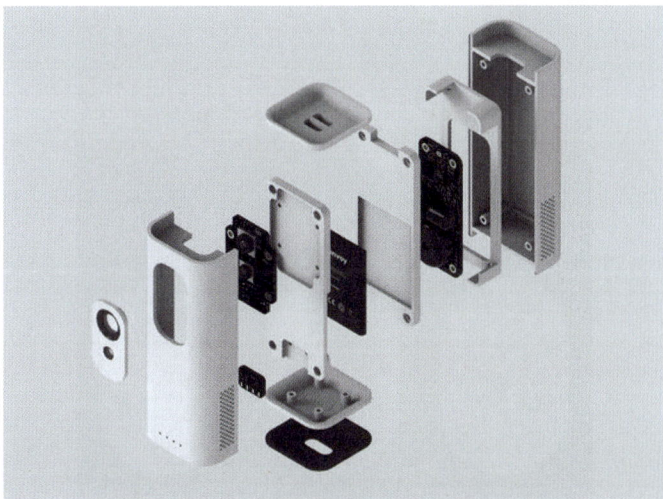

图 3-14

b．尺寸图：提供产品的精确尺寸信息，确保设计与制造的一致性。

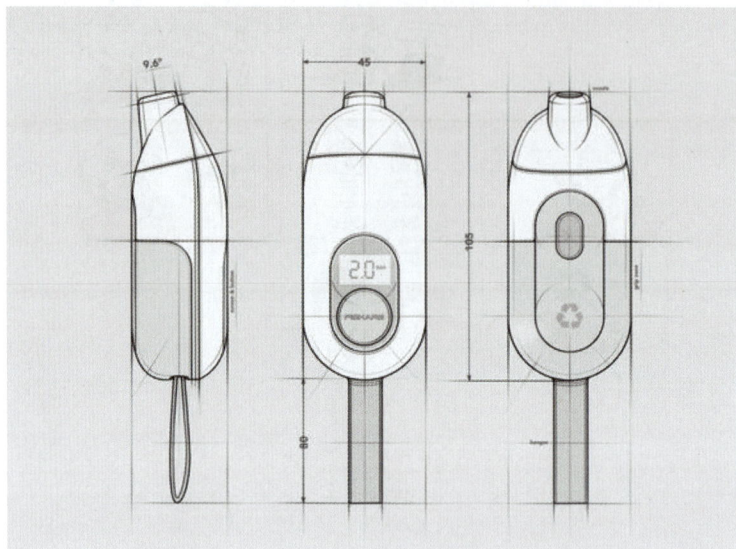

图 3-15

c．功能图：说明产品的功能分区和操作方式，让用户一目了然地了解产品如何工作。

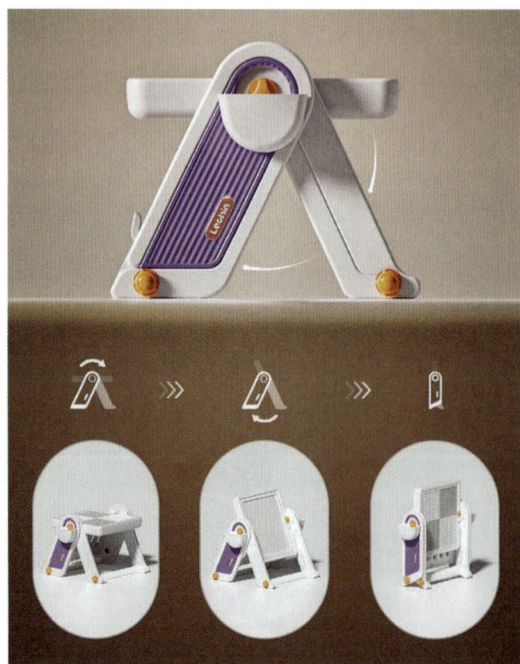

图 3-16

d. 效果图：呈现产品的最终外观效果，吸引用户的注意力并激发其购买欲望。

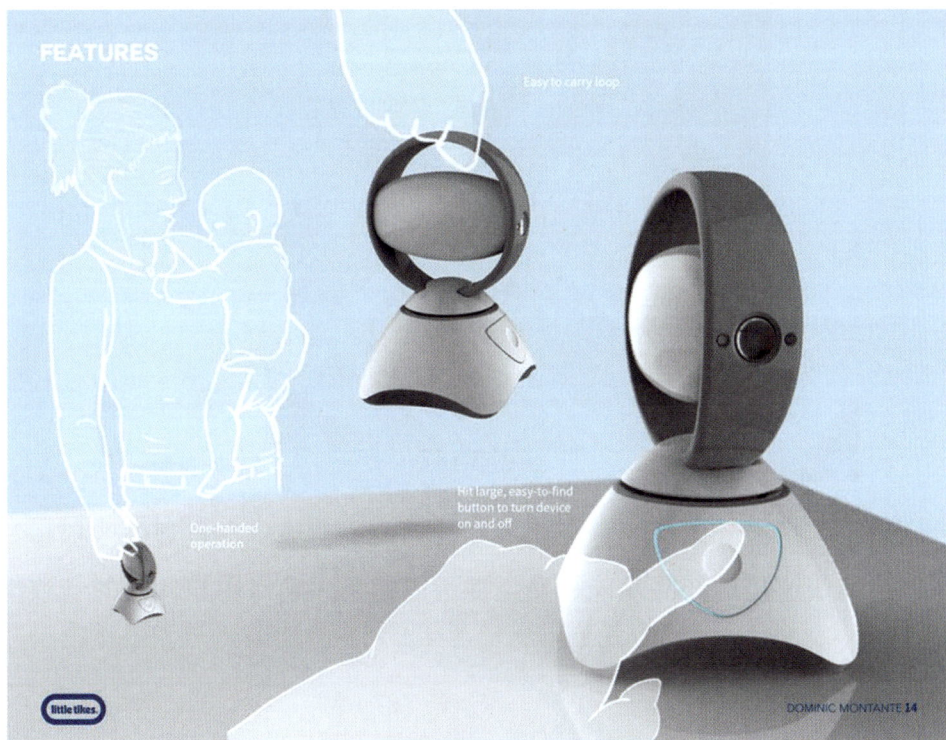

图 3-17

3.2.2　产品说明书

产品说明书是用户了解和使用产品的重要指南。在信息可视化的底层逻辑指导下，产品说明书应做到图文并茂、简洁明了。通过清晰的流程图、示意图和必要的文字说明，用户可以快速掌握产品的安装、使用和维护方法。同时，合理的排版和色彩搭配也能提升产品说明书的阅读体验，使用户更加愿意阅读和遵循说明。

1. 图形化说明的极致化

（1）流程图与示意图的精练：设计师应简化复杂的操作步骤，将其转化为清晰易懂的流程图与示意图，减少对文字的依赖，提升产品说明书的可读性与易用性。

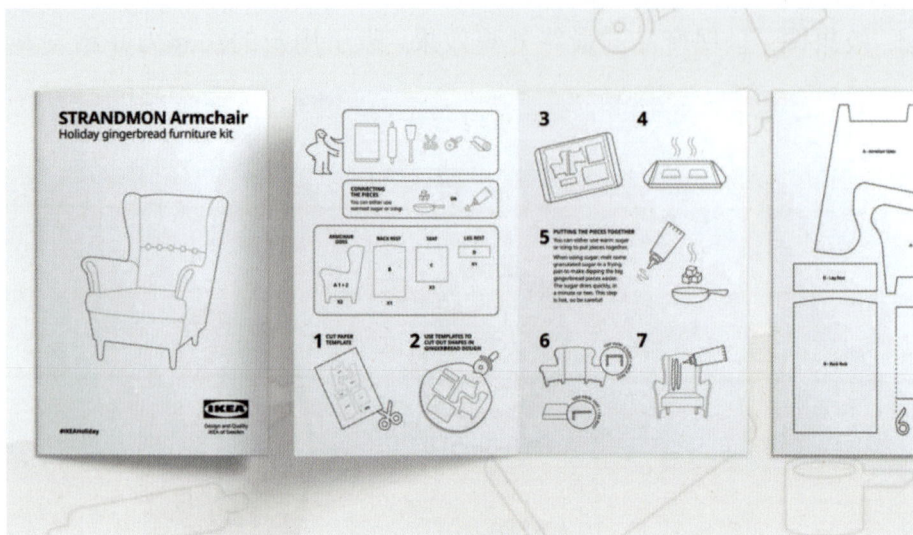

图 3-18

（2）图标与符号体系的标准化：设计师应构建统一、直观的图标与符号体系，使其快速传达产品功能、安全提示等信息，确保用户体验的一致性与便捷性。

图 3-19

图 3-20

图 3-21

图 3-22

2. 情感化设计的深度挖掘

（1）场景化插图的情感共鸣：设计师应通过场景化插图展现产品在不同使用场景下的美好瞬间，激发用户的情感共鸣与购买欲望。

图 3-23

例如，Kazoom Kids 的包装设计就通过场景化插图成功激发了儿童与家长的情感共鸣。其互动式鞋盒不仅具备基础的包装功能，还巧妙地将科学探索融入其中，打造了一个寓教于乐的场景。在这一设计中，鞋盒变身为可以自定义、随意涂色并反复使用的游戏板，展示了孩子们玩耍、探索科学的美好瞬间。这种设计通过场景化的呈现，让孩子们在日常生活中体验到与科学、技术、工程、数学（STEM）相关的趣味活动，从而激发了他们的学习兴趣。

此外，鞋盒内附带的定制游戏卡牌，以及袜子包装上的涂色设计，进一步丰富了产品的使用场景，拓展了产品与用户的互动方式。这种场景化插图不仅传递了产品的教育价值，还唤起了家长对儿童成长、学习的关注，激发了用户的情感共鸣和购买欲望。

图 3-24

图 3-25

图 3-26

Seesaw 与 ReflexDesign 合作推出了一款礼盒，该礼盒设计的亮点是体现了办公室版本的乒乓指南，以及集合了公司全员创意的精彩祝福卡，充分展现了图形可视化表达能力的无限可能。

图 3-27

图 3-28

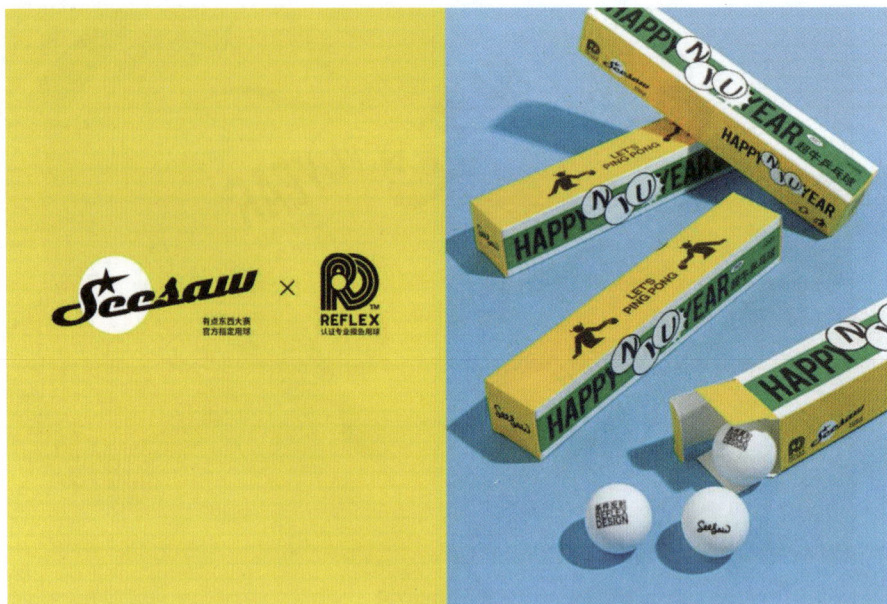

图 3-29

图 3-30

（2）个性化定制的温馨关怀：设计师应根据目标用户
群体的偏好与需求，提供个性化的插图风格选择，增强品
牌与用户之间的情感联系，提升用户的归属感。

扫一扫

第 3 章 总结

第4章
视觉传达：包装与品牌的有效推广

扫一扫

第 4 章 引言

4.1　视觉叙事策略

在视觉传达的实践中，视觉叙事策略作为一种客观且高效的手段，被广泛用于品牌推广活动中。此策略侧重于通过精心策划的视觉元素组合，如色彩、图形与布局，用非语言传达品牌背后的深层故事及其核心价值与理念。

在实施的过程中，视觉叙事策略应遵循科学原理，如色彩心理学、图形设计原理和视觉引导原则，以确保信息的精准传达与接收。色彩的选择与搭配旨在激发用户的情感共鸣，加深其对品牌的印象；图形设计可以直观展现品牌的特色，提升品牌的辨识度；精心规划的叙事结构能够引导用户逐步探索品牌故事，增强品牌与用户之间的情感联系。

此外，视觉叙事策略的实施还需要紧密结合品牌定位、市场趋势和用户需求。品牌方需要深入分析目标市场的文化背景、审美偏好和沟通习惯，以确保视觉叙事内容能够跨越文化障碍，实现全球范围内的有效传播。

图 4-1

综上所述，视觉叙事策略在品牌推广中的客观实施，不仅有助于提升品牌的认知度与记忆度，还能为用户带来独特而深刻的品牌体验。通过对这一策略的有效运用，品牌方能够在竞争激烈的市场中脱颖而出，建立稳固的市场地位。

4.2　品牌视觉战略与传播

品牌视觉战略是品牌推广的重要组成部分，即通过统一的视觉形象来传达品牌的理念和价值观。品牌视觉战略的传播依赖各种视觉媒介和渠道，以实现品牌形象的广泛认知和认同。

图 4-2

4.2.1　视觉形象识别系统的深度构建

（1）标志设计：作为品牌识别的核心元素，标志设计需要具备高度的识别度、独特性和适应性。标志设计应能在各种尺寸、媒介和环境中保持清晰可辨，同时传达品牌的核心理念。

图 4-3

（2）色彩运用：色彩是品牌表达情感的重要载体。设计师通过科学的色彩搭配与心理分析，来选择符合品牌调性的色彩体系，能够激发用户的情感共鸣，加深其对品牌的印象。

图 4-4

（3）图形与图案组合和排列：图形与图案作为视觉语言的补充，能够提升品牌形象的表现力。图形与图案可以是抽象的符号、具象的图案或与品牌相关的元素，通过创意组合和排列，形成独特的视觉风格。

图 4-5

（4）字体与排版选择：字体与排版直接影响品牌信息的传达效果。选择与品牌形象相符的字体风格与排版方式，能够提升品牌信息的可读性和美观度，提高品牌的专业度和信任度。

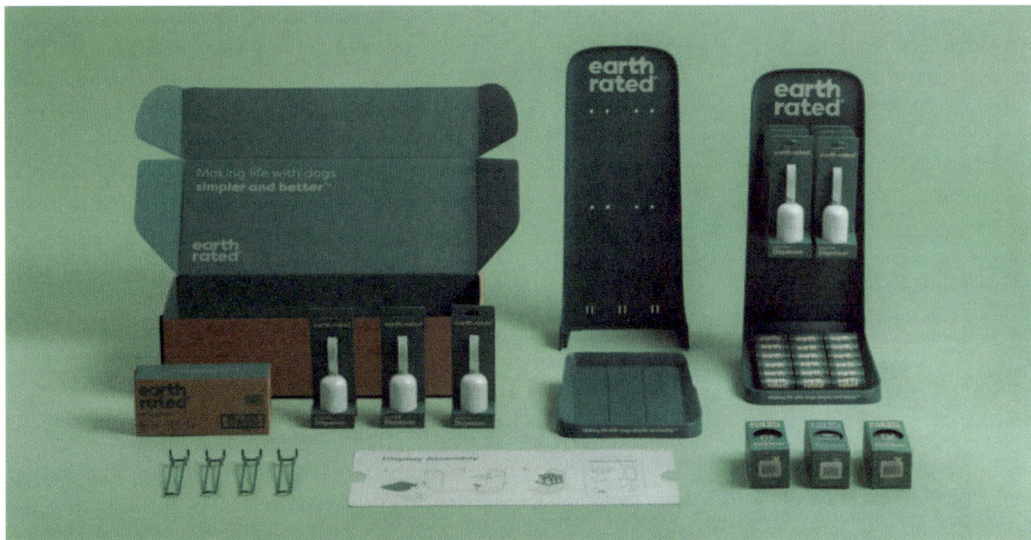

图 4-6

4.2.2　品牌文化的视觉化传达

产品设计作为品牌建设的核心环节之一，在传递品牌的理念和价值观中扮演着重要的角色。一款精心设计的产品不仅能满足用户的功能需求，更能在视觉、触觉乃至情感层面与用户产生共鸣，从而深刻传达品牌的独特个性、文化底蕴和市场定位。

（1）故事叙述：设计师可以通过视觉叙事的方式，将品牌的历史、愿景和使命转化为生动的画面与场景，让用户在感受品牌故事的同时，深刻理解品牌的文化内涵。品牌的文化底蕴是其长期积累的宝贵财富，也是品牌区别于其他竞争对手的重要特征。产品设计应深入挖掘品牌的文化内涵，将其融入产品的每一个细节中。无论是产品的造型语言、色彩搭配还是材质选择，都应体现出品牌的文化底蕴和历史传承。这样的产品设计不仅能满足用户的使用需求，更能激发用户的情感共鸣和文化认同。

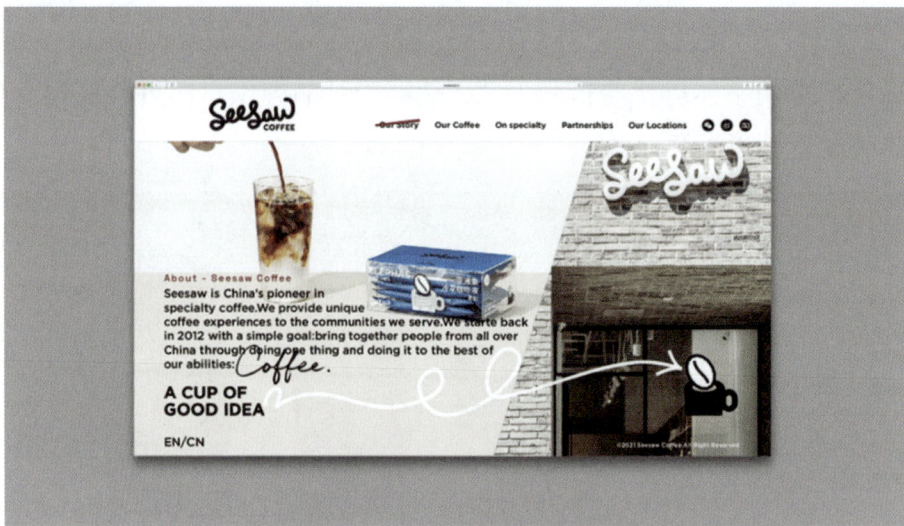

图 4-7

图 4-8

（2）品牌识别：较高的品牌识别度是品牌成功的重要标志之一。一个具有高识别度的品牌能够在众多竞争对手中脱颖而出，迅速吸引用户的注意力和兴趣。产品设计作为品牌识别度的重要组成部分，能够通过独特的设计语言和风格特征，使产品在视觉上形成强烈的品牌标识感。这种品牌识别度的提升不仅有助于加深用户对品牌的认知和记忆，还能促进品牌的口碑传播和市场拓展。设计师可以运用色彩、图形等视觉元素，营造出与品牌理念相符的情感氛围，以提升品牌识别度。这种氛围能够触动用户的内心，激发用户的情感共鸣，从而建立品牌与用户之间的情感联系。

图 4-9

图 4-10

（3）象征与隐喻：每个品牌都有其独特的个性和气质，这种个性需要通过产品设计来具象化展现。设计师可以通过运用独特的造型、色彩、材质等设计语言，将品牌的独特魅力融入产品中，使产品在众多同类产品中脱颖而出。这种独特个性的展现，不仅提升了产品的辨识度和记忆度，还加深了用户对品牌的认知和印象。借助象征性的图形或图案，以及富有隐喻意义的色彩搭配，设计师可以将品牌理念转化为易于理解和记忆的视觉符号。这些符号能够跨越语言和文化的界限，成为品牌独特的识别标志。

图 4-11

图 4-12

以星巴克为例，作为品牌身份的直接体现，其 Logo 以独特的双尾美人鱼（Sirena）形态、经典的绿色配色和简单而富有深意的构图方式，构成了品牌独一无二的标识。每当消费者的目光触及这个标志性的 Logo 时，就能立即识别出星巴克的品牌身份，迅速建立起对品牌的初步认知。

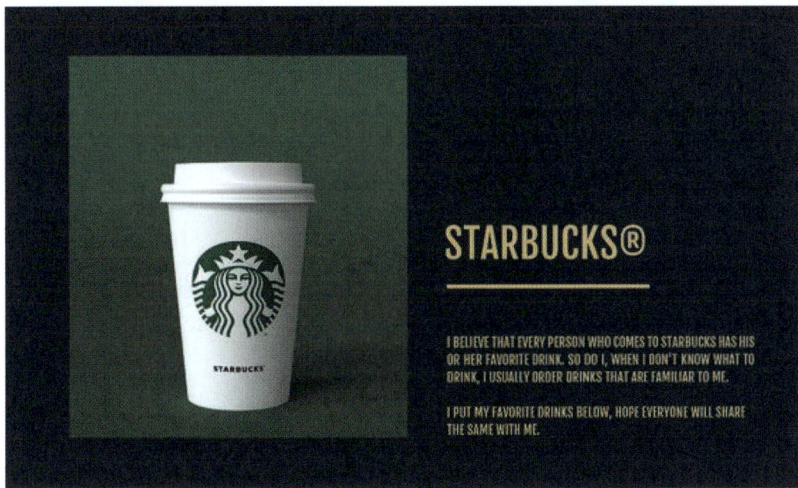

图 4-13

星巴克的 Logo 不只是一个视觉符号，还深深承载着品牌的情感价值与文化精髓。双尾美人鱼象征着古老的海上传说与浪漫情怀，同时蕴含着星巴克对高品质咖啡的执着追求与对消费者体验的精心营造。这一图形设计巧妙地传递了品牌对咖啡文化的热爱与尊重，以及为消费者创造温馨、舒适第三空间的愿景，从而与消费者建立起深层次的情感联系，激发消费者的情感共鸣与认同感。这种情感共鸣不仅加深了消费者对星巴克品牌的记忆，还极大地提升了他们对品牌的好感度。每当消费者看到这个 Logo，就仿佛闻到那种熟悉而诱人的咖啡香，感受到星巴克所倡导的慢生活哲学与社交氛围。

此外，星巴克的 Logo 设计极具直观性与生动性，以一种简单而有力的方式迅速传达了品牌的核心价值与理念——追求卓越、注重细节、倡导人文关怀。通过对这一图形的巧妙运用，星巴克成功将自己的独特卖点（高品质咖啡）、产品特性（多样化的饮品选择）和品牌故事（从西雅图小咖啡馆到全球咖啡连锁巨头的成长历程）等信息以视觉化的形式呈现给全球消费者，极大地提升了品牌的认知度与影响力，使其 Logo 成为全球咖啡文化的标志性符号。

图 4-14

4.2.3 多渠道传播策略的整合

（1）广告媒体：品牌方可以利用电视、广播、杂志等传统广告媒体，以及互联网、移动设备等新兴媒体平台，投放品牌的视觉广告。通过精准的目标受众定位和富有创意的广告内容设计，实现品牌形象的广泛传播和深度渗透。

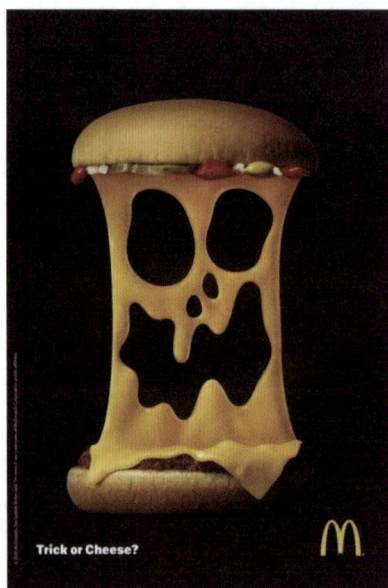

图 4-15

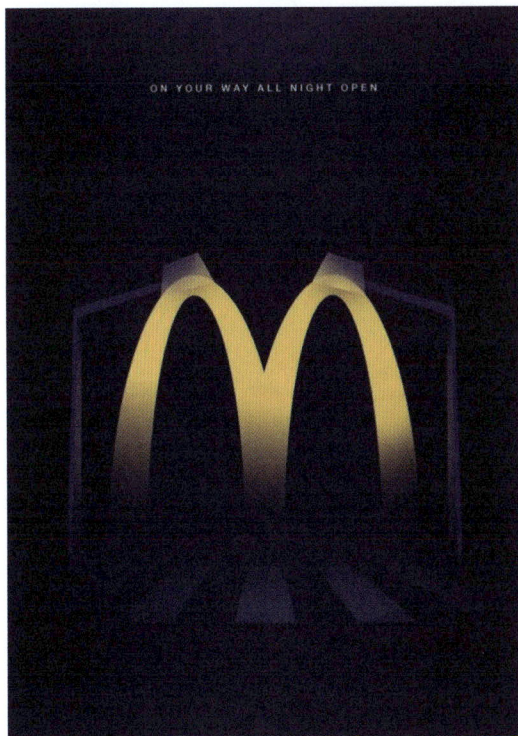

图 4-16

（2）社交媒体：品牌方可以借助微博、微信、抖音等社交媒体平台发布品牌的视觉内容，利用社交媒体的互动性和传播力，增强品牌与用户之间的沟通和联系，提升品牌的知名度和美誉度。

（3）线下活动：品牌方可以组织品牌发布会、展览、赞助活动等线下活动，通过视觉展示的方式将品牌的视觉形象直观地呈现给用户。这些活动不仅能提升品牌形象的曝光度，还能加深用户对品牌的认知和记忆。

4.3　产品包装设计

包装设计作为产品设计的重要组成部分，不仅是产品的"外衣"，更是产品与用户建立联系的第一座桥梁。它不仅在吸引用户的注意力、激发用户的购买欲望方面起着关键的作用，还承担着保护产品安全、提升品牌形象、传达品牌理念等多重职责。随着消费者环保意识的增强和对生活品质要求的提高，环保、便捷、美观、情感化、互动式的包装设计已成为市场的新趋势。

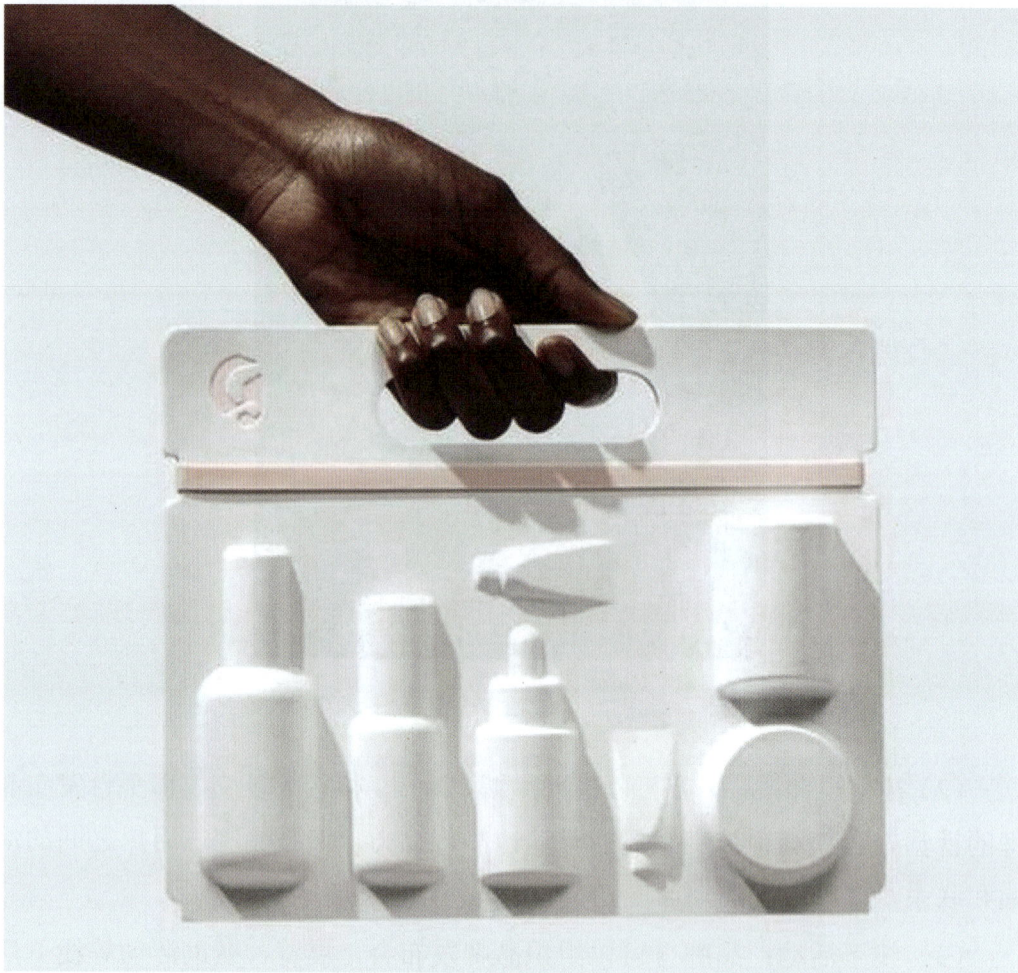

图 4-17

4.3.1　环保的包装设计

环保已成为当今社会的共识，包装设计也不例外。环保的包装设计注重使用可回收、可降解和可再生材料，减少对环境的影响。例如，采用纸质、生物基塑料等环保材料代替传统塑料包装，通过优化包装设计减少材料的使用量和废弃物的产生，设计易于回收和再利用的包装结构等。这些措施不仅有助于保护环境，还能提升品牌形象，吸引更多注重可持续发展的用户。

图 4-18

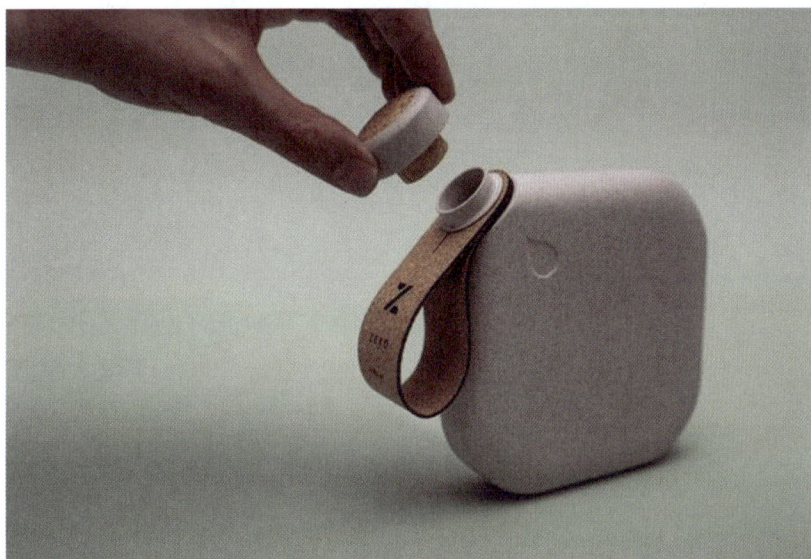

图 4-19

4.3.2　便捷的包装设计

便捷性是包装设计的重要考量因素之一。便捷的包装设计能够提升用户的使用体验，增加产品的附加值。例如，设计易于开启、重新密封和携带的包装，采用透明或半透明材料让用户直观了解产品的内容，提供清晰、简洁的使用说明和指示等。这些设计细节能够提升用户的满意度和忠诚度，促进产品的销售。

图 4-20

图 4-21

4.3.3　美观的包装设计

美观的包装设计能够吸引用户的眼球，激发用户的购买欲望。包装设计应注重色彩的搭配、图案的设计、字体的选择等，以传达产品的特点和品牌的形象。同时，包装设计还应考虑与产品的整体风格相协调，以形成统一的品牌形象。美观的包装设计能够提升产品的附加值和市场竞争力，使产品在众多同类产品中脱颖而出。

图 4-22

图 4-23

4.3.4　情感化的包装设计

随着用户对情感需求的增加，情感化的包装设计逐渐受到重视。设计师可以通过运用情感化的元素和故事性的设计手法，与用户建立情感联系，引发用户的共鸣。例如，通过包装设计讲述产品的故事、传递品牌的文化和价值观，运用温馨、幽默或励志的情感元素触动用户的内心等。情感化的包装设计能够提高用户对品牌的认同感和忠诚度，提升产品的市场影响力。

图 4-24

4.3.5　互动式的包装设计

在 Eduardo Del Fraile Studio 的创新包装设计中，互动性和动态展示的元素被巧妙地融入包装中，赋予产品独特的生命力。设计师采用一种近乎透明的包装材料，这种材料不仅能将果汁的新鲜本质展示出来，还能让人联想到果实刚从枝头摘下的生动场景。该果汁包装的亮点在于，它是由从果皮中提取的可生物降解材料精心打造而成的。这种创新选择不仅彰显了品牌的环保理念，还赋予了产品额外的营养价值。随着用户逐渐享用瓶中的果汁，包装呈现出逐渐扁平的视觉效果。这种设计提供了一种与众不同的视觉享受，提升了用户的饮用体验。这种设计巧妙地将包装转变为一种动态的互动体验，让每一次饮用都成为一场视觉和味觉的双重盛宴。

图 4-25

图 4-26

图 4-27

图 4-28

　　综上所述，包装设计在产品营销和品牌建设中扮演着重要的角色。环保、便捷、美观、情感化和互动式已成为包装设计的新趋势。设计师应紧跟市场潮流和用户需求的变化，不断创新和优化包装设计策略，以吸引更多用户的关注和喜爱。同时，企业也应重视包装设计的投入和管理，将包装设计作为提升品牌形象和市场竞争力的重要手段之一。

4.4　产品推广策略

制定产品推广策略是一个综合性的过程，旨在提高产品的知名度、吸引目标用户群体，最终促进销售转化。

4.4.1　精准定位与目标设定

推广产品的第一步是进行市场分析，明确产品的目标市场与竞争对手，并据此设定清晰的推广目标。目标涵盖短期内提升品牌知名度、中期内扩大市场份额、长期内建立品牌忠诚度。企业应通过精确的市场洞察，为产品制定有针对性的推广规划。

4.4.2　多渠道协同推广策略

之后，企业应采取线上线下相结合的推广方式，利用社交媒体平台、搜索引擎优化、电商平台合作和关键意见领袖（KOL）等线上渠道，结合实体店铺展示、展会活动参与和户外广告投放等线下渠道，形成多维度、全方位的推广网络。这样的策略旨在扩大产品的市场覆盖面，增强用户与品牌的互动，促进销售转化。

4.4.3　效果评估与持续优化

扫一扫

第 4 章　总结

在推广实施的过程中，企业还应持续跟踪关键数据指标，如曝光量、点击率和转化率等，以客观评估推广活动的成效。同时，企业还应收集并分析用户反馈，了解市场需求变化及用户偏好。之后，基于这些评估结果，对产品推广策略进行必要的调整和优化，确保推广活动的有效性和市场竞争力。

第 5 章
设计实例：产品设计计综合表达剖析

扫一扫

第 5 章 引言

在产品设计与包装领域，对色彩、图形与信息可视化的综合运用不仅能提升产品的视觉吸引力，还能有效传达品牌信息、提升用户体验。以下将通过几个不同产品类别和风格的实际案例，深入解析这些元素如何共同作用于产品设计与包装中。

5.1 家居用品：宜家

作为享誉全球的家居生活品牌，宜家（IKEA）在产品设计与包装领域的色彩运用、图形构思和信息可视化展现上，树立了行业标杆。宜家巧妙地融合了简约而充满活力的色彩方案，以白色与蓝色等清新色调为核心，精心营造了既舒适又具有现代感的家居氛围。这些色彩选择不仅彰显了品牌的纯净与高雅，还巧妙地促进了家居环境的和谐统一。

在产品包装层面，宜家展现了其卓越的图形设计才能，确保每一个设计元素都既直观又富有启发性。宜家通过简单的线条、直观的图形语言，将产品的形态与功能生动地呈现出来，使消费者能够一目了然地捕捉到产品的核心亮点。宜家对信息可视化的高度重视体现为，在包装中清晰、有序地展现信息标签。这些标签详尽地标注了产品的材质构成、精确尺寸和使用指南，极大地提升了消费者的购物体验与使用便捷性。

图 5-1

5.1.1 限量版 TESAMMANS 家居系列

宜家携手荷兰知名设计双人组合 Raw Color，共同推出了 TESAMMANS 家居系列。该系列以日常用品为载体，旨在探索色彩如何为现代家庭空间注入活力与欢乐，促进居住者进行个性化表达，并探讨色彩在居住环境中所能激发的积极情感效应。

1. TESAMMANS 灯罩

这款灯罩提供大小两种规格，以满足不同的摆放需求。它采用堆叠式设计结合深浅色调的渐变，在捕捉光线时能产生丰富的光影变化，为空间带来动态美感，营造温馨、舒适的照明氛围，激发居住者的情感共鸣。

图 5-2

图 5-3

2. TESAMMANS 针织毛毯

这款针织毛毯的色彩极其丰富，不仅触感舒适，更是视觉上的盛宴。它巧妙地融合了图案线条与纯色区域，在远观与近赏间展现出不同的色彩层次，为沙发区增添了趣味性和艺术感，成为家居装饰的亮点。

图 5-4

3. TESAMMANS 艺术挂钟

这款艺术挂钟将艺术装置理念融入家居装饰，不仅具备时间显示功能，更是一件值得细细品味的艺术品。其独特的设计与色彩搭配，为家中墙面增添了不可多得的视觉焦点，彰显了居住者的个性与品位。

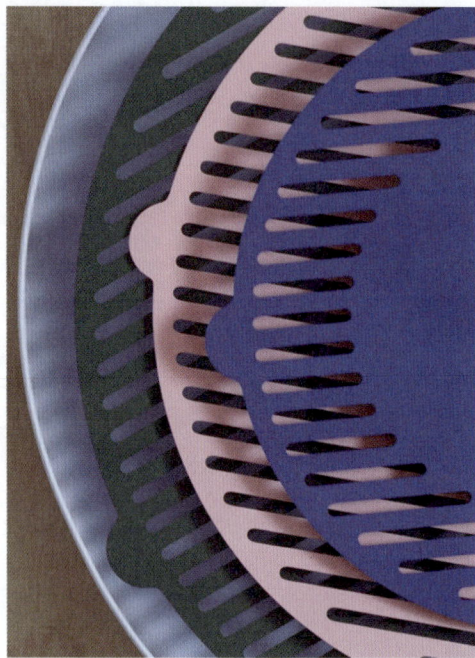

图 5-5

图 5-6

4．TESAMMANS 储物柜（带滑轮）

设计师大胆运用鲜艳的色彩，为这款储物柜注入了活力与动感。滑轮设计便于移动，而移动过程中可能产生莫尔效应（尽管非直观可见）。其设计理念体现了对色彩、形态与运动之间动态关系的深刻探索，为产品增添了趣味性和探索价值，同时保证了产品强大的储物功能。

图 5-7

5.1.2　Cook This Page 系列

宜家 Cook This Page 系列食物说明书的设计灵感来源于设计师对简化烹饪过程，使做饭变得像涂鸦或填色游戏一样简单、有趣且富有成就感的追求。这一设计旨在解决传统食谱中配料描述模糊（如"少许""适量"等）的问题，通过图形化和可视化的方式，让烹饪变得更加直观和易于操作。

1．设计特点

图形化食材表：食材以图形化的方式呈现，每种食材的用量和形状都被清晰地标注在说明书上。用户只需按照图形提示，将相应的食材放在指定位置即可。例如，说明书上可能用半圆表示需要放入的柠檬片，用长方形表示需要放入的鱼片，并明确标注其大小和数量。

图 5-8   图 5-9   图 5-10

可食用油墨：为了确保食品安全，说明书上的所有图形和文字都是使用可食用油墨印刷的。这意味着用户在烹饪的过程中，可以直接将食材放在说明书上，然后放入烤箱或其他烹饪设备中，无须担心油墨会对食品造成污染。

图 5-11

一站式购物体验：宜家提供了一站式的购物服务，用户可以在宜家商场或官网上购买到说明书中所需的所有食材。这种服务大大简化了烹饪前的准备工作，使用户能够更加专注于烹饪本身。

图 5-12

高颜值设计：除实用性外，Cook This Page 系列还注重设计的美观性。说明书上的图形和色彩搭配经过精心设计，既实用又美观，能够激发用户的烹饪兴趣和成就感。

2. 使用流程

选择食谱：从 Cook This Page 系列中选择自己感兴趣的食谱。

准备食材：根据说明书上的图形和文字提示，准备所需的食材。

摆放食材：将食材按照说明书上的图形和位置提示逐一摆放到指定位置。

烹饪：将摆放好食材的说明书放入烤箱或其他烹饪设备中，按照说明书上的烹饪时间和温度进行烹饪。

享用美食：烹饪完成后，取出美食并享用。由于说明书是可食用的，因此无须担心它会对食品造成污染。

图 5-13   图 5-14   图 5-15

宜家 Cook This Page 系列食物说明书的设计充分体现了宜家对用户需求的深入理解和关注，展现了其独特的创新理念和用户友好的设计思路。通过图形化、可视化和一站式的服务方式，宜家让烹饪变得更加简单、有趣和高效。这种创新的设计理念不仅提升了用户的烹饪体验，也进一步巩固了宜家在家居生活领域的领先地位。

5.1.3   宜家新鲜滋味

葡萄牙宜家以"宜家新鲜滋味"（Fresh at IKEA）为主题的夏季床上用品系列产品设计，从图形创意的角度展现了跨界联想、视觉形象转化、色彩搭配和品牌形象强化等多方面的创意策略。这些策略不仅提升了产品的吸引力和市场竞争力，还为消费者带来了全新的家居生活体验。

1．跨界联想与情感共鸣

宜家的此次设计巧妙地将冷饮这一夏日清凉元素与床上用品这一家居用品相结合，通过跨界联想跨越了传统产品类别的界限。冷饮在夏季是消暑解渴的代名词，其清爽、冰凉的形象能够迅速激发消费者对夏日凉爽生活的向往。将这一元素融入床上用品的设计中，不仅传达了产品带来的清凉舒适感，还激发了消费者对于美好夏日时光的情感共鸣，提升了产品的吸引力和消费者的购买欲望。

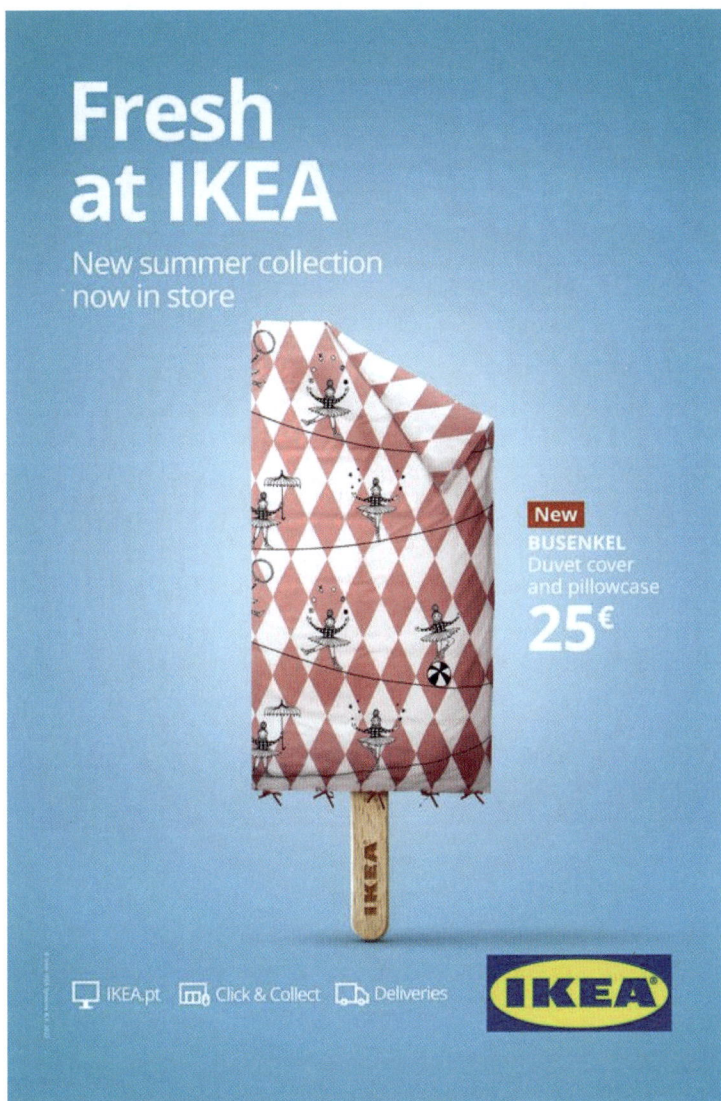

图 5-16

2．视觉形象的创意转化

在图形创意方面，宜家采用具象或抽象的手法将冷饮的形态转化为床上用品的图案或形态。例如，通过印花技术将冰激凌、冰沙、果汁等冷饮的图案印制在床单、枕套或被子上，或者将床上用品的形状设计成冷饮容器的轮廓，如冰桶形状的抱枕、冰激凌蛋筒造型的靠垫等。这些创意图形不仅具有较高的辨识度和趣味性，还赋予了产品故事性和情感价值，使消费者在使用产品时能够联想到夏日的惬意。

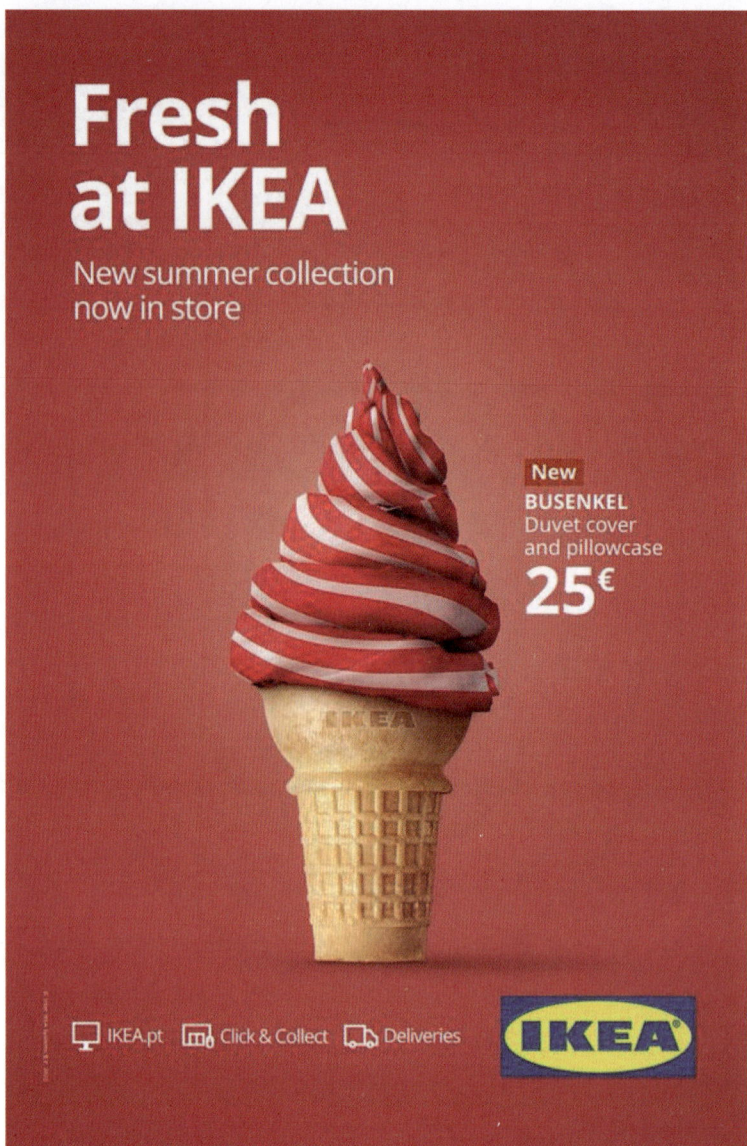

图 5-17

3. 色彩搭配与氛围营造

色彩在图形创意中扮演着至关重要的角色。宜家选用代表夏日清凉的色彩，如蓝色、绿色、粉色等冷饮中常见的色彩，来搭配床上用品的设计。这些色彩不仅能营造出清新、凉爽的视觉效果，还能提升整体家居环境的舒适度和美感。通过巧妙的色彩搭配，宜家成功营造出了一种夏日海滩或冷饮店的轻松愉悦氛围，让消费者在家中也能感受到夏日的清凉。

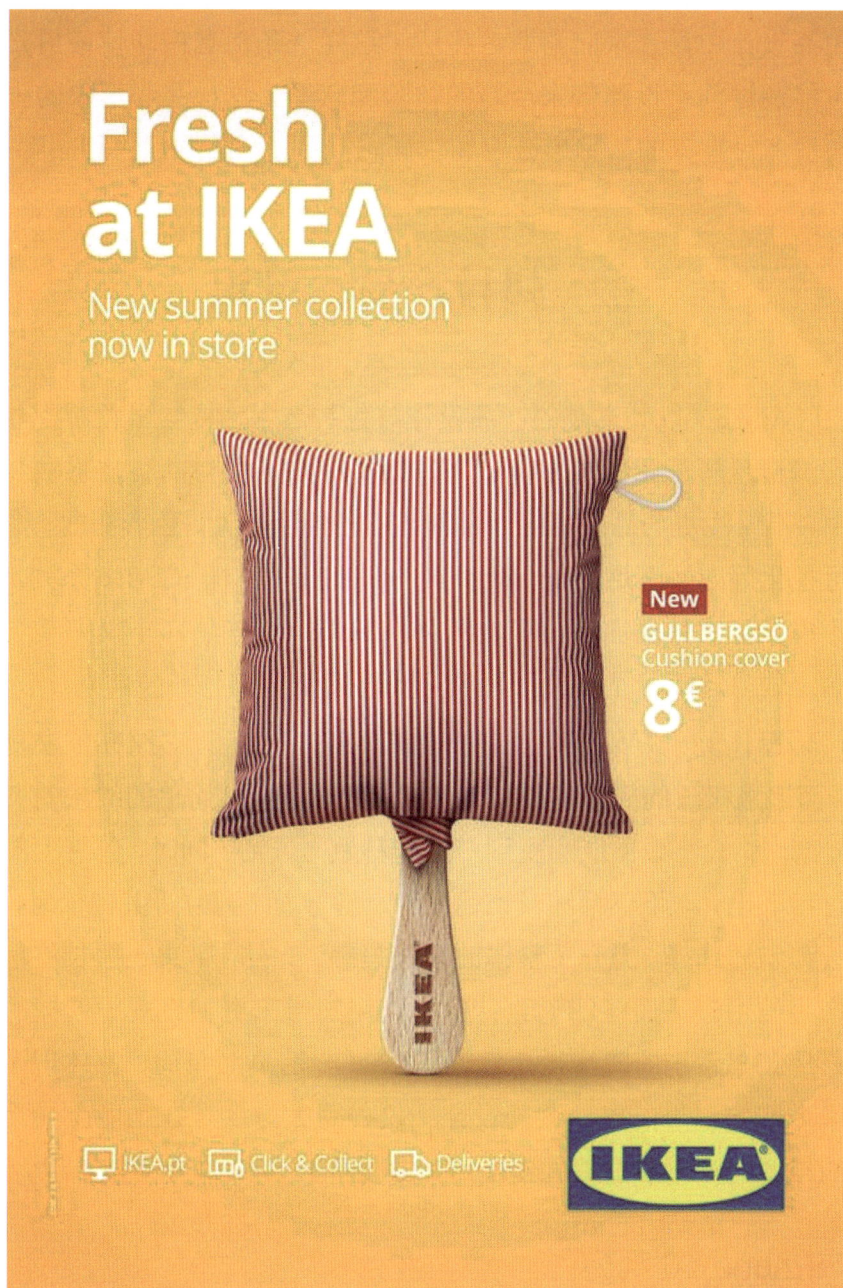

图 5-18

4．品牌形象的强化与传播

"宜家新鲜滋味"这一主题不仅展示了宜家在产品创新方面的努力，还进一步强化了其作为家居生活解决方案提供者的品牌形象。通过将冷饮元素融入床上用品设计中，宜家向消费者传达了这样一条信息：即使最日常的家居用品，也能通过创意设计带来全新的体验和感受。这种品牌形象的强化有助于提升消费者对宜家的品牌忠诚度和认同感，促进产品的销售和品牌的传播。

5.2 科技产品：苹果

苹果（Apple）以其卓越的产品设计与包装艺术，持续引领着行业的创新潮流。它深谙色彩与图形的力量，巧妙地将简约美学与高科技感融合于每一款产品中，不仅注重产品的功能与性能，还在外观设计、色彩搭配、图形处理和信息可视化等方面下足功夫。从经典的 iPhone 到创新的 Mac 系列，苹果产品无一不以其标志性的白色与银灰色为主色调。这些色彩不仅完美契合了品牌的高端定位，还赋予了产品一种超凡脱俗的精致感与科技韵味。

在包装设计上，苹果同样展现出非凡的匠心独运。它摒弃了繁复的图形装饰，转而追求极致的简洁与高效。在包装表面，仅以简单的线条勾勒出产品的优雅轮廓，让人一眼便能感受到产品的精致与匠心。同时，包装上的信息标签也经过精心设计，不仅标注了产品名称、型号、序列号等关键信息，还以考究的排版和字体选择，提升了整体的视觉美感。此外，苹果还擅长将信息可视化融入产品的用户界面（UI）设计中，为用户带来更加直观、便捷的操作体验。无论是 iOS 系统的图标设计，还是 macOS 的桌面布局，都体现了苹果对信息呈现方式的深思熟虑。这些设计不仅美观大方，还在功能上实现了高效与直观的结合，让用户能够轻松上手，享受科技带来的便利与乐趣。

5.2.1 iPhone 16 系列

色彩作为最直观的视觉元素，能够在第一时间抓住用户的注意力。随着用户对个性化需求的日益增长，苹果通过不断推出新色彩来满足不同用户的审美需求。这种做法有助于提升产品的吸引力，使用户在购买时能够根据自己的喜好选择心仪的色彩。

图 5-19

图 5-20

iPhone 16 系列在色彩上进行了大胆的创新，特别是 iPhone 16 Pro 和 iPhone 16 Pro Max 推出的钛金配色，这种独特的色彩选择不仅满足了用户对高端、奢华质感的追求，也展现了苹果在色彩设计上的独特品味。同时，入门款 iPhone 16 和 iPhone 16 Plus 采用高饱和度的瓷晶玻璃背板，提供了更为鲜艳且耐磨抗摔的配色选项，满足了不同用户的审美需求。

5.2.2 Apple Vision

Apple Vision 作为苹果前沿技术探索的结晶，不仅代表了 AR 与混合现实（MR）技术的全新进展，更是对未来人机交互方式的一次深刻探索。它融合了先进的显示技术、传感器技术、人工智能算法，以及卓越的硬件设计，为用户带来了前所未有的沉浸式体验。

图 5-21

在 Apple Vision 的页面设计中，科技感得到了淋漓尽致的展现。首先，页面采用极简主义的设计风格，通过高度精练的元素和色彩搭配，营造出一种未来感十足的视觉氛围。这种设计不仅减少了视觉干扰，让用户能够专注于核心内容，还通过留白提升了页面的空间感和层次感，进一步提升了页面的科技感。

　　其次，页面中的图形信息可视化设计充满了创新性和前瞻性。设计师巧妙地运用三维建模、光影效果、动态交互等现代设计手法，将复杂的数据和信息转化为直观易懂的视觉元素。这些元素在页面中自由穿梭、相互关联，形成了一幅幅生动、立体的科技画卷，让用户仿佛置身于一个充满科技魅力的虚拟世界中。

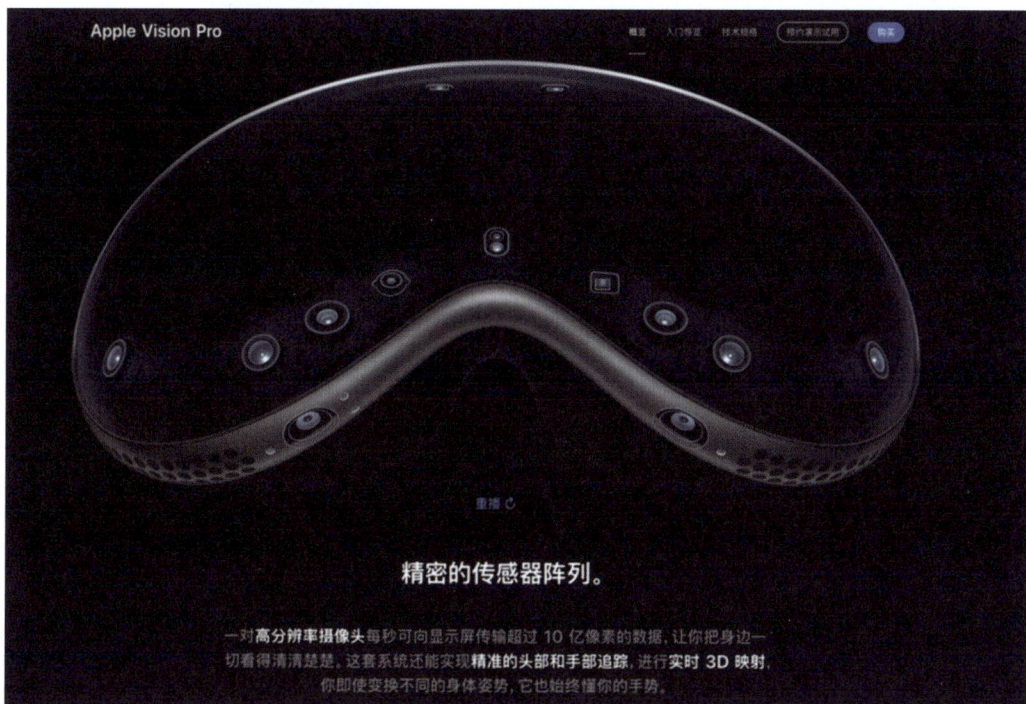

图 5-22

　　此外，Apple Vision 的页面设计还注重与用户的情感共鸣。通过细腻的情感化设计和人性化的交互体验，设计师成功将科技感与人文关怀相结合，让用户在使用过程中不仅能感受到技术的强大力量，还能体验到一种温暖、亲切的情感联系。这种设计不仅提升了用户的满意度和忠诚度，还进一步巩固了 Apple Vision 在科技领域的领先地位。

图 5-23

综上所述，Apple Vision 的页面设计不仅体现了苹果对于科技创新的执着追求和卓越能力，还通过一系列精妙的设计手法将科技感展现得淋漓尽致。这些设计不仅为用户带来了前所未有的沉浸式体验，还激发了人们对于未来科技发展的无限遐想和期待。

5.3 试听产品：Bang & Olufsen

Bang & Olufsen 是丹麦的音响及视听设备品牌，其产品设计中的图形元素体现了品牌的独特审美和对于高品质、高性能的不懈追求。Bang & Olufsen 的产品设计深受极简主义的影响，这种设计风格体现在产品的每一个细节上，如所有的图形元素（如线条、形状等）都遵循简约的原则，没有过多的修饰和冗余。这种设计风格使产品看起来更加现代、时尚，同时强调了产品的功能性和实用性。

5.3.1　Beosound A5

Beosound A5 的悬浮铝设计是 Bang & Olufsen 品牌在产品设计中对图形元素创新应用的典范。它不仅展示了 Bang & Olufsen 在铝制工艺领域的卓越成就，更通过独特的视觉效果与声音体验的结合，为用户带来了前所未有的感官享受。超过 3500 片铝制圆片的精妙组合，不仅展示了品牌精湛的制造工艺，更赋予了扬声器前侧独特的悬浮视觉效果，彰显了 Bang & Olufsen 在设计上的不断开拓与创新。

图 5-24

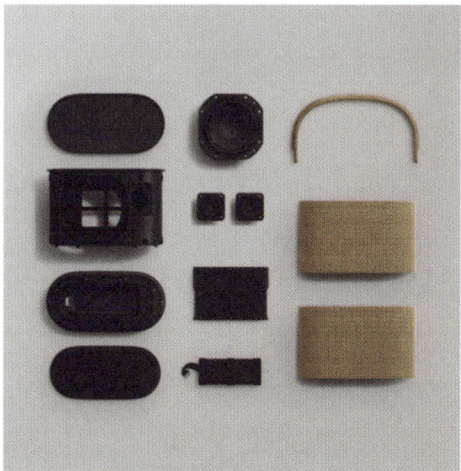

图 5-25

扬声器的格栅设计在传统上以功能性为主，但 Beosound A5 将圆形图案转化为视觉焦点。通过调整圆形图案的布局与排列，Beosound A5 成功实现了声音从圆片周围流畅传播，营造了令人惊叹的悬浮视觉效果，这是对传统设计理念的颠覆和超越。

图 5-26

为了实现"悬浮圆片"的视觉效果，Beosound A5 采用创新的双层铝片设计。内层网格作为支撑结构，外层铝片则通过精心计算与布置，营造出一种视觉幻象，使扬声器在播放音乐时不仅声音优美，在视觉上也极具吸引力。

Beosound A5 扬声器系列在材质选择上展现了非凡的创造力与对细节的极致追求。北欧编织款与深橡木款的推出，不仅拓宽了产品线的风格维度，还体现了品牌对材质美学的深刻理解与运用。

北欧编织款：采用独特的编织材质，这种材质通常以其自然纹理、温暖触感和耐用性而著称。编织元素的应用不仅为扬声器增添了一份温馨的生活气息，还巧妙地与北欧简约设计风格相融合，展现出一种低调而又不失格调的居家氛围。

图 5-27

深橡木款：选用优质橡木作为主体材质，通过精细的切割与打磨工艺，呈现出木材特有的温润质感与深邃色泽。橡木的自然纹理与悬浮铝设计的冷峻线条形成鲜明对比，既保留了传统木质家具的沉稳与雅致，又融入了现代设计的简约与时尚。

图 5-28

5.3.2　Beoplay HX

　　Beoplay HX 以简单的线条和几何形状构建出整体的形态。这种设计不仅使耳机看起来更加精致、高雅，也体现了 Bang & Olufsen 对于品质与细节的极致追求。无论是耳机上的品牌 Logo 还是包装盒上的品牌元素，都以一种低调而优雅的方式展现了品牌的独特魅力与尊贵地位。这种品牌标识的融入不仅提升了产品的辨识度与品牌忠诚度，还提升了整体的设计质感与品牌价值。

图 5-29

图 5-30

　　在色彩选择上，Beoplay HX 延续了品牌经典与时尚并重的风格，如炭黑色给人以稳重、高端的感觉，原木色传递出自然、温馨的氛围，金色则增添了奢华与精致的感觉。这些色彩不仅符合 Bang & Olufsen 的品牌形象，也满足了不同用户的审美偏好。在色彩搭配上，Beoplay HX 注重和谐与平衡。金属质感的外壳与小羊皮、牛皮等材质的柔和色彩相结合，既展现了产品的科技感与精致感，又保证了佩戴的舒适度与视觉的愉悦感。这种色彩搭配使耳机在视觉上更加统一、协调，提升了整体的审美价值。

扫一扫

第 5 章　总结

第 6 章

未来展望：科技驱动
的综合表达新趋势

扫一扫

第 6 章 引言

在快速迭代的科技浪潮中，新材料与新技术的不断涌现正深刻改变着产品设计的综合表达方式，从产品材质的创新应用、生产工艺的智能化、产品包装的革新到新媒体推广的多样化，每一个环节都蕴含着无限可能。以下将分别探讨这些领域的新趋势。

6.1　产品材质的创新应用

6.1.1　环保与可持续性材料的深入研发

在未来的产品设计中，环保与可持续性将成为核心的考量因素。科学家将不断探索和挖掘自然界中的资源，如农作物废弃物（玉米秸秆、稻壳等）和海洋生物质（海藻、贝壳等），通过先进的加工技术将其转化为高性能、低环境影响的材料。这些材料不仅降低了对原生资源的依赖，还减少了生产过程中的碳排放和废弃物的产生。同时，研究团队将致力于提升这些材料的耐用性和可降解性，确保产品在完成其生命周期后能够安全回归自然，形成闭环经济。

1. 菌丝体

菌丝体（Mycelium）具有类似皮革的质感与特性，为寻求环保替代品的行业提供了宝贵的资源。尤其是对于那些寻求摆脱动物皮革依赖的素食主义者及环保倡导者而言，菌丝体无疑是一个理想的选择。这种天然材料不仅减轻了对环境的负担，还促进了生活方式的可持续发展。

菌丝体以其惊人的生长速度和独特的物理特性，成为传统不可降解材料（如聚苯乙烯泡沫，即我们通常所说的"泡沫塑料"）的理想替代品。它能够迅速生长并塑形，为包装、建筑隔热、家具制造等多个领域带来了革命性的变革。这种迅速生长的能力，结合其自我修复和再生的特性，使菌丝体材料在减少废弃物的产生、促进资源循环利用方面展现出巨大的潜力。菌丝体材料的生长过程依赖自然废弃物的分解与吸收，这一过程本身就是一种环保行为，有助于减少环境污染，促进生态循环。同时，其完全自然、可生物降解的特性，确保了产品在使用周期结束后能够安全回归自然，不会为环境带来长期负担。

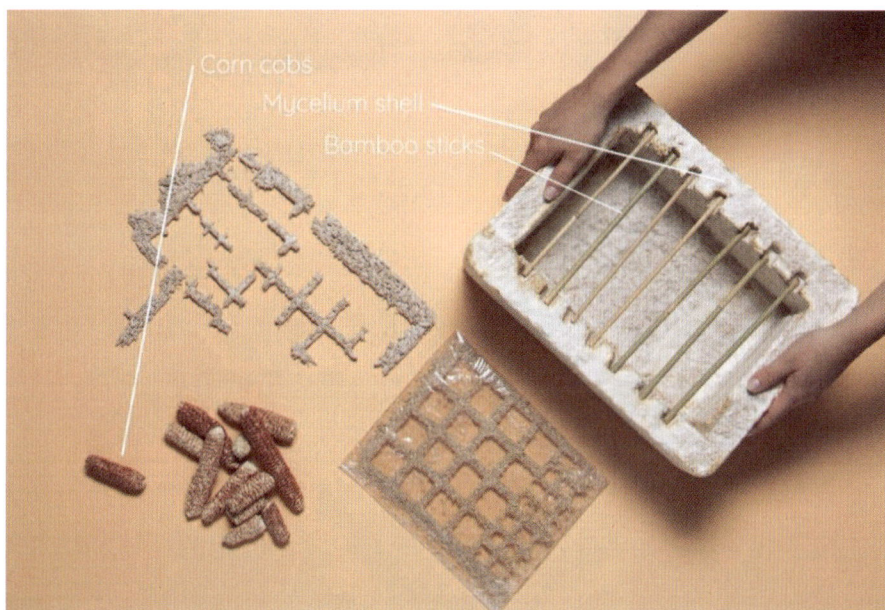

图 6-1

以菌丝体单次使用可降解烤架为例，该产品不仅展示了菌丝体材料在产品设计中的创新应用，更预示了 2024 年及未来环保材料领域可能迎来的变革。它象征着人类利用自然界的智慧解决环境问题，推动环境可持续发展的决心与实践。随着科技的不断进步和人们环保意识的日益增强，我们有理由相信，菌丝体等新型环保材料将在更多的领域发光发热，为地球的未来贡献力量。

2. 生物塑料和生物复合材料

传统塑料因其难以降解的特性，对环境造成了巨大的压力，从堆积如山的垃圾填埋场到污染严重的海洋，再到无处不在的微塑料污染，无一不揭示了其不可持续性的本质。

图 6-2

生物塑料作为自然衍生的聚合物，不仅保持了与传统塑料相似的加工性能和可塑性，更重要的是它能够在自然环境中生物降解，从而避免长期污染的风险。这种材料不仅符合环保理念，也为消费者提供了更加可持续的选择。生物复合材料则更进一步，它是人们通过结合天然填充材料和黏合剂，创造出的一种既坚固耐用又环保的新型材料。这种材料不仅性能优异，而且能够有效利用废弃物资源，如咖啡渣、谷物壳等，实现了资源的循环利用和废弃物的减量。这种创新的设计思路不仅减少了对环境的负面影响，还促进了经济的可持续发展。

图 6-3

3．Morphlon 面料

Converse 通过推出 Chuck Taylor All Star Crater Knit 鞋款，展示了其向"零废弃"和"零碳排"未来的迈进。这种环保理念不仅符合当前的全球环保趋势，也体现了品牌对可持续发展的责任感。Converse 利用废弃材料（回收塑料、废旧衣物纤维等，以及一种由再生聚酯组成的鞋面材料 Morphlon）和创新技术，实现了产品从设计到生产的环保转型，进一步推动了环保材料在时尚产业的应用。

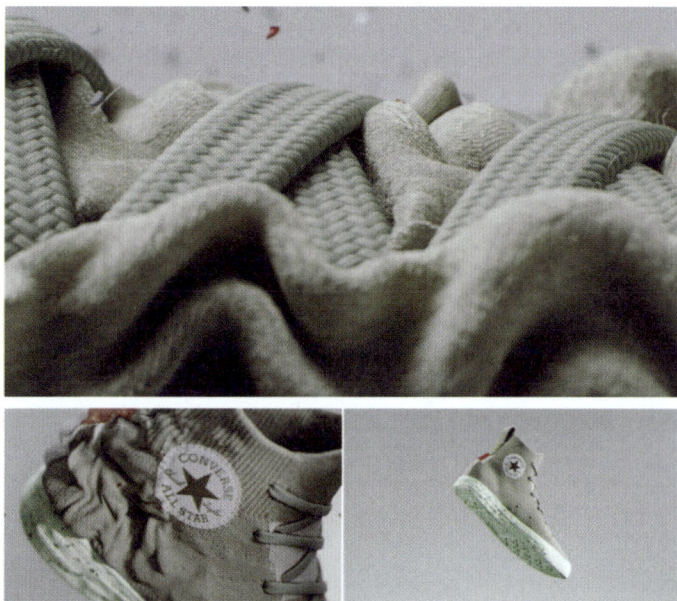

图 6-4

除材料和设计的创新外，Converse 还注重环保生产和供应链管理的优化。它通过实施严格的环保标准和流程控制，确保生产过程中的废弃物和碳排放得到有效控制。同时，Converse 还与环保材料供应商建立长期合作关系，共同推动环保材料在时尚产业的应用和发展。

图 6-5

6.1.2 智能材料的广泛应用

智能材料的引入将为产品设计带来革命性的变化。这种材料能够感知外界环境或用户行为的变化，并据此自动调整其物理或化学性质。例如，自修复材料能够在产品受损时自动释放修复剂，恢复其原有的功能和外观，极大地延长了产品的使用寿命；变色材料则能根据光线、温度或用户交互等条件改变颜色，为产品增添趣味性和互动性，提升用户体验。智能材料的广泛应用将使产品设计更加人性化、智能化，满足用户对高品质生活的追求。

1. 智能变温包装

澳大利亚的 Thermo Shield 公司开发了一种集成彩色热致变色技术的智能变温包装，这种包装能够在温度变化时改变颜色，作为一种直观的视觉监控系统，帮助人们监控食品是否处于适宜的温度范围内，从而保证食品的新鲜度。新包装的变色范围为-20℃～70℃，颜色变化一旦触发，就是永久性的。Thermo Shield 的新包装可回收利用，不含双酚 A（BPA）和邻苯二甲酸酐，不会对包装内容产生任何不良影响。

图 6-6

2．变色包装

韩国的 Maeil Milk 公司推出了一种具有过期提醒功能的牛奶包装。这款包装上的"milk"字样，会随着时间的流逝逐渐变成"ill"，提醒消费者饮用过期牛奶有可能"生病"。

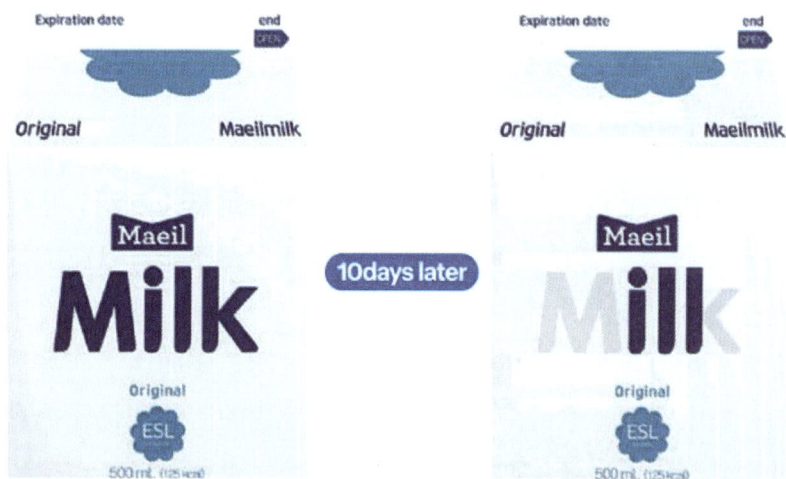

图 6-7

6.1.3 纳米技术的融合

纳米技术作为 21 世纪的关键技术之一，将在材料科学领域发挥巨大的作用。科学家通过精确控制纳米粒子的尺寸、形状和分布，可以创造出具有独特性能的材料，如超强韧性、超高导电性、超轻质或具有特殊光学、热学性能的材料。这些纳米材料的应用将为产品设计带来前所未有的创新机遇。例如，利用纳米技术增强的复合材料可以创造出更轻、更强、更耐腐蚀的产品，而纳米涂层则能赋予产品表面自洁、防污、抗菌等特殊功能。纳米技术的融合将使产品设计更加精细、高效和多功能化，满足市场对高品质、高性能产品的需求。

6.2 生产工艺的智能化

6.2.1 高度自动化的生产线

在产品设计阶段，生产工艺的智能化已成为不可或缺的考量因素。未来的生产线将实现更高程度的自动化，这不仅是为了降低人力成本，更是为了确保产品的一致性和高精度。智能机器人将扮演核心角色，不仅能开展简单的重复劳动，还能执行精密组装、质量检测等复杂任务。智能机器人通过集成先进的传感器、机器视觉和人工智能算法，能够实现对生产过程的精确控制，从而提高生产效率，降低人为错误率。

6.2.2 数字化与模拟仿真

数字化工具在产品设计及生产工艺规划中的应用日益广泛。通过计算机辅助设计（CAD）、计算机辅助工程（CAE）等软件，设计师可以在虚拟环境中对产品进行模拟仿真，预测并解决潜在的设计和生产问题。这种"先试后造"的方式不仅降低了物理原型制作的成本、缩短了时间，还加速了产品的迭代优化过程。此外，数字孪生技术的应用更是将生产流程的监控和优化提升到了新的高度。通过构建与生产系统实时同步的数字模型，企业可以在虚拟环境中对生产过程进行全方位的分析和优化，确保产品从设计到生产的无缝衔接。

6.2.3　灵活的生产模式

在快速变化的市场环境中，产品设计需要能够快速响应市场需求和消费者偏好的变化。因此，生产模式的灵活性成为一个重要的竞争优势。柔性生产线和模块化生产模式将成为主流趋势。柔性生产线通过采用可重构的机器、工具和夹具等设备，能够快速调整生产布局和工艺流程，以适应不同种类和批量的产品生产需求。而模块化生产模式则先通过将产品分解为多个独立的模块进行生产，再进行组装。这种方式不仅提高了生产效率，还增强了产品的可定制性和可扩展性。在产品设计阶段，企业需要充分考虑产品的模块化和标准化设计，以便在后续的生产过程中实现快速响应和灵活调整。

6.3　产品包装的革新 ✏

6.3.1　个性化与定制化包装

随着消费者对个性化需求的增加，未来的产品包装将更加注重个性化设计。通过数字化技术，企业可以为每个消费者提供独一无二的包装定制服务。

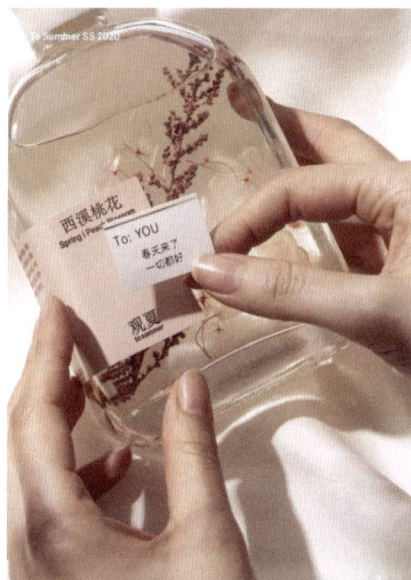

图 6-8

6.3.2　环保包装的创新

除使用环保材料外，未来的产品包装还将探索更多减少环境影响的方法。例如，可食用包装、水溶性包装等新型包装形式将逐渐进入市场。

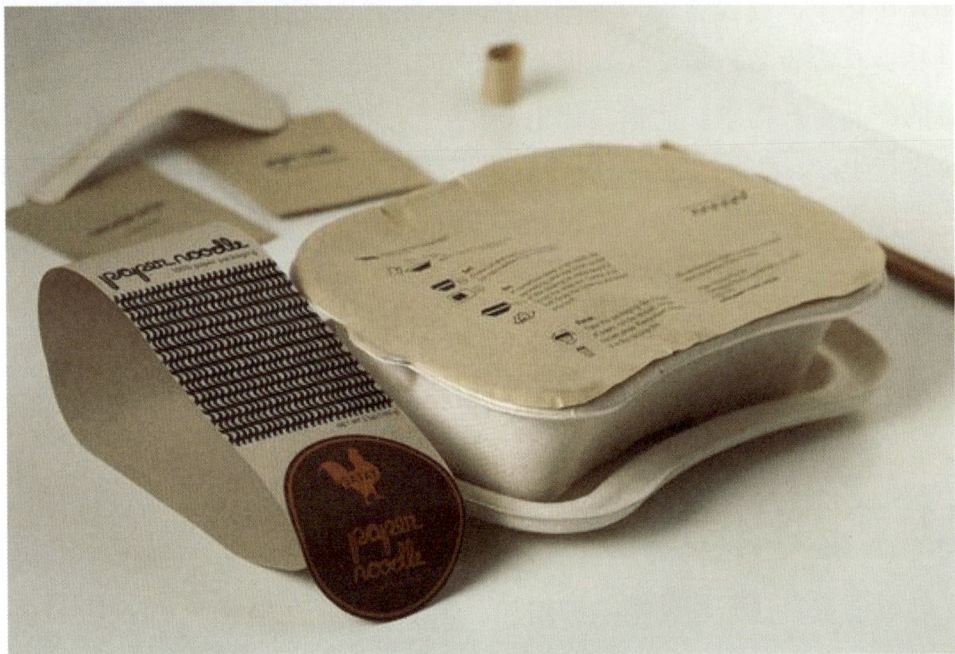

图 6-9

6.3.3　动态交互包装的创新

动态交互包装设计无疑是现代包装领域的一大创新，它通过融合动态图像、动画效果和交互性元素，为传统包装赋予了新的生命力和市场竞争力。这种设计方式不仅极大地提升了包装的视觉吸引力，还通过增强的互动性为消费者带来了前所未有的购物体验。

1. 动态图像与动画效果的魅力

动态图像与动画效果是动态交互包装设计的两个核心元素。它们能够以流畅、生动的形式展现产品的特点、使用场景或品牌故事，从而迅速吸引消费者的注意力。相较于静态图片，动态图像与动画效果更能激发消费者的好奇心和探索欲，使他们在众多产品中一眼就能发现并选择你的产品。

图 6-10

2. 交互性带来的沉浸式体验

交互性元素是动态交互包装设计的另一大亮点。通过触摸感应、二维码扫描、AR/VR 技术等手段，消费者可以与包装进行互动，获得更加丰富和个性化的体验。这种沉浸式体验不仅增加了购物的趣味性，还使消费者在互动的过程中更加深入地了解产品，从而建立起与品牌的深厚联系。

图 6-11

3. 提升产品的触感体验

触觉是人类感知世界的重要方式之一，它能够让消费者更直接、更真实地感受到产品的质地、温度和形状等物理特性。在动态交互包装设计中，通过融入触摸感应或互动元素，如特殊的材质、可按压的按钮、根据触摸反应而变化的图案等，消费者可以在打开包装的过程中享受到独特的触感体验。这种触感上的惊喜和互动，不仅增加了包装的趣味性，还使消费者更加期待和珍视产品本身。

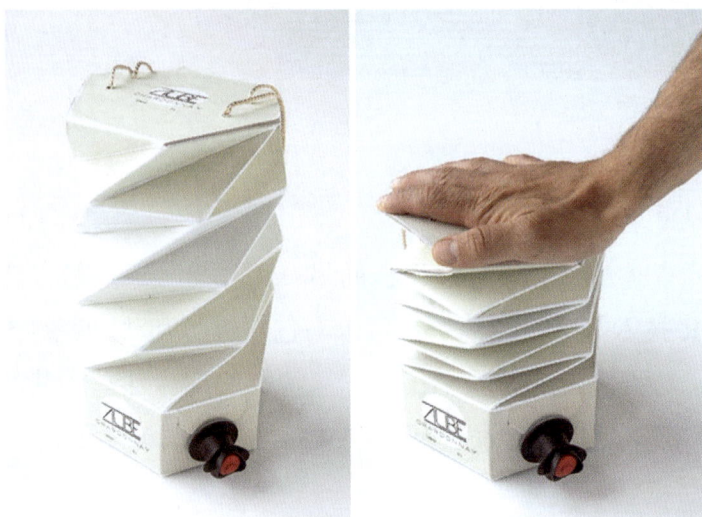

图 6-12

图 6-13

6.3.4　智能包装技术的发展

未来，智能包装将不仅仅是简单的容器，而是集成了传感器、射频识别（RFID）标签等技术的智能设备。这些技术可以实时监测产品状态、追溯产品来源，甚至与消费者进行互动。

6.4　新媒体推广的多样化

6.4.1　沉浸式 H5 互动体验设计

H5，即 HTML5，是一种用于创建网页和应用的编程语言。交互性的 H5 设计强调用户与内容的互动，通过动画、滑动、点击等交互元素，提升用户体验和信息传达效果。

图 6-14

应用场景：

（1）品牌推广：通过制作精美的 H5 页面，展示品牌形象、产品特性和企业文化，吸引用户关注和参与。

（2）活动营销：结合节日、事件或特定主题，设计互动游戏、抽奖活动等，提升用户的参与度和品牌的曝光度。

（3）产品展示：利用 H5 的多媒体特性，展示产品的功能、外观和使用场景，帮助用户更好地了解产品。

6.4.2　二维码营销新纪元

二维码是一种用特定的几何图形按一定规律在平面（二维方向）上分布的黑白相间的矩形方阵记录数据符号信息的新一代条形码技术。它具有信息容量大、编码范围广、容错能力强、成本低、易制作、持久耐用等特点。

应用场景：

（1）信息传递：将网址、文本、联系方式等信息编码成二维码，方便用户扫描获取。

（2）营销推广：在海报、传单、商品包装等载体上印刷二维码，引导用户扫描关注公众号、参与活动或购买产品。

（3）支付与认证：在移动支付和身份认证领域广泛应用，提高支付效率和安全性。

例如，可口可乐为了宣传欧足联 2012 年欧洲杯，在西班牙各地的数百万件包裹上使用了动态二维码生成器。二维码能够将消费者连接到可口可乐的在线社区"SmileWorld"，在那里他们可以访问有关比赛和品牌举措的独家视频。通过这次活动，可口可乐确立了其创新公司的形象，将先进技术作为与消费者互动的手段。

图 6-15

6.4.3　VR 幻境重塑显示

　　VR 是一种通过计算机技术模拟出一个三维环境，让用户感觉身临其境的技术。它利用头盔式显示器、动作捕捉器等设备，将用户的视觉、听觉甚至触觉等感官封闭起来，提供一种全新的沉浸式体验。

图 6-16

应用场景：

（1）教育培训：通过模拟真实场景或复杂系统，提高学习效果和安全性。

（2）游戏娱乐：为玩家提供更为真实和沉浸的游戏体验。

（3）房地产展示：让用户在家中就能参观虚拟样板房，了解房屋结构和装修效果。

为了庆祝北京中轴线成功申请为世界文化遗产，一款名为"看我天地中轴"的影院级 VR 互动体验展在王府井大街盛大开幕。此展览由北京市文物局与北京中轴线申遗保护工作办公室提供指导，由北京虫洞创想科技有限责任公司精心研发，并由协奏公关顾问（北京）有限公司发行运营。此展览旨在利用现代科技手段，推广和弘扬北京中轴线的丰富文化。

图 6-17

该 VR 互动体验的时长约为 40 分钟，围绕"象天法地，以中为尊"的主题展开，分为五个引人入胜的体验场景，包括"紫薇天宫观中轴""夜探太和殿""钟鼓楼与岁时更迭""飞越北中轴""天安门广场建筑群巡礼"。这五个体验场景巧妙地融合了北京中轴线上 15 个知名景点和东城区特色文创品牌，为北京中轴线文化的传播增添了新的光彩。

图 6-18

6.4.4　动态海报广告

动态海报广告是一种结合静态图像和动态元素的创意设计形式。它可以通过动画、视频或 GIF 等格式展现，吸引用户的注意力并传达更多的信息。

应用场景：

（1）广告宣传：在商场、地铁、公交站等公共场所展示动态海报广告，吸引过往人群的注意力。

（2）社交媒体传播：将动态海报广告分享到微博、微信等社交媒体平台，扩大传播范围。

（3）活动预热：通过发布动态海报广告预告即将举办的活动或产品发布会，提高用户的期待值。

扫一扫

第 6 章 总结

反侵权盗版声明

电子工业出版社依法对本作品享有专有出版权。任何未经权利人书面许可，复制、销售或通过信息网络传播本作品的行为；歪曲、篡改、剽窃本作品的行为，均违反《中华人民共和国著作权法》，其行为人应承担相应的民事责任和行政责任，构成犯罪的，将被依法追究刑事责任。

为了维护市场秩序，保护权利人的合法权益，我社将依法查处和打击侵权盗版的单位和个人。欢迎社会各界人士积极举报侵权盗版行为，本社将奖励举报有功人员，并保证举报人的信息不被泄露。

举报电话：（010）88254396；（010）88258888

传　　真：（010）88254397

E-mail：　dbqq@phei.com.cn

通信地址：北京市万寿路 173 信箱

　　　　　电子工业出版社总编办公室

邮　　编：100036